現代に活かす

初等幾何入門

現代に活かす

初等幾何入門

一松　信著

岩波書店

まえがき

この本は岩波講座応用数学の一冊であった拙著『いろいろな幾何 I』を基とし，新たに2章の増補を加えて単行本としたものである．

現代の応用数学の中で，古典幾何学をどう扱うべきか．

現代の「幾何学」の主流はトポロジー，大域の微分幾何などを中心とする多様体の理論に移っている．またグラフィックスとも関連して計算幾何学という新分野も重要である．しかしそれらは応用数学講座の中で別個に扱われていて，本書の範囲外である．

本書の旧版のまえがきに，筆者は次のように記した：「Platon が「幾何学に機械を持ち込むのは邪道だ」といったのは，一つの見識である．また Poincaré が「幾何学者とは，誤った図を使って正しい推論ができる人間」といったのも正論であろう．しかしコンピュータが日常の道具となった現在，それを利用してできるだけ正確な図を描いて考えるのが有利である．いつまでも昔の偉人に拘束されることはあるまい．」

これに対して某大家から，「随分といろいろな見解があるものだ」という批判(皮肉？)をいただいた．私の書き方が悪くて，趣旨が十分に伝わらなかったことを後悔している．

他方，幾何学教育は，これからも論証教育の重要な柱になると思う．一時期の熱狂的な「Euclid 追放」の叫びは聞かなくなった．しかし気がついてみると，特に日本での学校教育からは，「古典的 Euclid の幾何学」がほとんど消えてしまっている．初等幾何無用論も根強い．それも時代の流れであろう．

この本は，もともと膨大な分野の展望として，最初に第1章：幾何学小史を述べた．もとよりここの記述に抜けている組合せ幾何学，幾何学的最大最小問題などまだ多くの話題がある．

第2章では，理論体系を整備することよりも，個々の知識に重点をおいた．そのうち旧版で十分に記述できなかった三角形幾何学の続論を，今回第4章に増補した．

増補部分は，元来は日本数学検定協会の「学習書」の一冊として企画したものだが，あまりに専門的すぎるとして宙に浮いていた原稿を要約し，この機会に発表したものである．その内容は本質的に19世紀に研究され，20世紀に忘れ去られた話題である．現在では「趣味的」な事項に近いが，逆にこの種の記述を含む本がほとんど見掛けなくなったので，記録しておく必要があると考えた次第である．

近年，一部の熱心な先生方が，生徒に興味をもたせるためといって，独自に古典幾何の諸定理を再発見して発表しておられるのに敬服している．第4章で「新四心」と仮によんだ事項もその一例である．ただ残念なことに，多くはその導入だけに終り，その奥に底深い先人の成果が山積している所まで考察が至っていない場合が多い．第4章がそういう先生方および熱心な生徒の方々の参考になれば幸いである．

前に戻って第3章は，公理的展開の例として，平面射影幾何を論じ，アフィン幾何・非 Euclid 幾何を，その特別な場合として論じた．第3章までは，誤植の訂正以外は旧版のままである．

増補した最後の第5章は断片的だが，4次元以上の幾何学で，線型代数の一般論には含まれない事項を論じた．

率直にいって筆者は幾何学の専門家ではない．学生時代にも代数的計算は得意だったが，「1本の補助線」を発見する初等幾何の証明は，嫌いではなかったものの，必ずしも得意ではなかった．しかし定年退職後に，数学オリンピックの選手強化合宿や，実用数学技能検定の幾何分野を担当せざるをえなくなり，多少自習した結果がこの本である．

その意味で筆者の趣味が強く現れた本である．果たして現在の数学利用者に有用であるかどうか自信がない．極端にいえば，物好きが集めた蒐集品にすぎないかもしれないが，記録として残しておく価値があれば幸いと割り切った．

本書の旧版執筆の折に，東京学芸大学名誉教授清宮俊雄先生から，昔の文献について，多くの御教示を賜った．いくつかの内容は，数年に及ぶ米国 T³ 大会(電卓研究会)で，世界各国の諸先輩の発表から示唆をえた．また今回増補部分の挿図の多くを，(株)ナオコ(グラフ電卓研究会)の小森恒雄氏に，Cabri 幾何のシステムを使って描いていただいた．併せて謝詞を述べる．

最後に岩波講座応用数学に執筆の機会を与えてくださった当時の編集委員伊理正夫教授，本書の題名に貴重な御意見を賜った藤田宏教授と，今回の発行について，内容の吟味もこめていろいろとお世話になった岩波書店永沼浩一氏に感謝の詞を述べたい．

2003年11月

一　松　　信

目次

第1章

幾何学小史

膨大な古典幾何学の展望として，また本書で論じえなかった話題について，序章の形で第1章を述べる．もとよりごく大ざっぱな流れにすぎない．

(1) 古代ギリシャ

「幾何」はgeometryを中国で音訳した語である．この原語は「測地学」を意味するが，それが図形に関する数学を意味するようになったのは，古代エジプトにおけるナイル川の定期氾濫後の整地に基づくという．この話は，古代ギリシャ末期のProklosの『Euclid原論第1巻注釈』の冒頭にある由緒正しい説だが，近年では批判も現れている．しかしいずれにせよ，人類が定住して農業を主体にするようになれば，どこの国でも土地測量とそのための技術が重要になるのは当然である．幾何学がそれに関連した経験的諸事実を整理し体系化したところから発したのは確かである．

中国の伝説的な開祖である伏羲・女媧が，矩と規(定規とコンパス)を交換し合って結婚し，大洪水で荒れはてた大地を整理してから人類を生んだという神話は，西アジアの影響がみられるとともに，幾何学の起源を暗示している．伝統的な幾何学が主として直線と円のみを扱うのも，それらが古代において「神聖な曲線」とされていたのではなかろうか．いわゆるPythagoras学派は，宗教に関連した秘密結社の色彩が強い．

古代ギリシャ文明の初期，Thalesが円の本性を「定点(中心)からの距離が一定な点の軌跡」と見抜き，それに基づいて円の性質を展開したという伝説(事実？)は，幾何学の体系化の一挿話だろう．なお一時期，この発見が車輪の発明と関連しているという説があったが，現在では多くの考古学の資料により，車輪の発明は紀元前3000年ごろまでさかのぼることがわかり，この説は否定された．

三角形の内角の和が一定(2直角)という事実は，角度の実測に基づく経験的発見ではなく，例えば三角形を順次頂点のまわりに回転してみるといった，理論的な考察による結論らしい．いずれにせよ，経験的ないし半理論的に集積された諸知識を体系化して理論にまとめる作業は，古代ギリシャ時代に何度も行なわれた．現在に伝わる最も有名な成果は，Euclidの『原論』全13巻である．これは永らく精密科学の典型とされた．なぜこの種の論理体系が，全世界の諸数学史のうち古代ギリシャのみに現れたのか，科学史上の重要課題である．

古代ギリシャの幾何学は，Apolloniosの『コニカ』(円錐曲線論)においてさらに大きく躍進した．そこには座標の考えもある．彼は2点からの距離の和・差・積・商(比)が一定の曲線族を深く追及した．積が一定なCassiniの橙形は17世紀にもちこされたが，他はApolloniosがほとんど完全に研究した．

(2) ルネサンス期

幾何学の分野では，代数学などと比較すると，中世の成果は乏しい．ルネサンス期の初期(15世紀)になって，透視図など絵画への応用と関連して，射影幾何学のもとになる考えが現れてくる．また古代ギリシャでは砂の上に図を描いて考えたせいか，図形を静的に扱っていたが，14世紀ごろから図形を動かしてその変化を考察するという，後の解析学に発展する考えが現れる．しかしルネサンス期における大きな発展は，Descartesによる座標幾何学(いわゆる解析幾何学)の出現である．座標幾何学は彼の哲学体系の一環として，数と図形の統一を試みたものであるが，Apolloniosが残した多種の課題，例えば3定点からの和が一定な点の軌跡の研究といった明確な具体的目標もあったようである．

座標幾何学の発展には，Fermatらの寄与も少なくないが，欧米ではしばしばCartesian geometryとよばれるほど，Descartesの名が高い．今日ではコンピュータ画面表示などに座標の考えが不可欠である．また数式処理の活用によって，初等幾何学の定理の証明中，計算によるほうがかえって速くなった部分も多い．それには行列を活用して，線形代数の一環として計算するのがよいことが多い．

18世紀には，曲線・曲面の微分幾何学，トポロジー(むしろグラフ理論)の発端となる一筆書きの問題，平行線の公準の否定など新しい分野が開かれ，19世紀前半に大きく開花する．非Euclid幾何学の発見が思想界に及ぼした影響は本書の範囲外だが，数学内部においても，公理(公準)は「何人も真と認めた基本的仮定」ではなく，「理論構成のための根本的な要請」と解釈されるようになった．初等幾何学の厳密な公理系は，19世紀末のHilbertの『幾何学基礎論』において一応の完成をみた．

(3)　Kleinの見解

少し先走りすぎた．時代を19世紀初めに戻そう．

透視図を見ると，平行線は「無限遠点」において交わり，各方向の無限遠点全体の集合 l は，どの直線とも1点で交わるから，それ自身直線(無限遠直線)をなすと考えたくなる．同次座標を使えば無限遠点もこめた座標幾何学が展開できる．これが射影幾何学の考えである．射影幾何学はNapoléonのロシア遠征に従軍して捕虜となったPonceletが獄中で研究したとされる．今日では補元をもつモジュラ束として，公理的に構成されることが多い．その場合各「直線」上の点全体は，$0, 1, \infty$ に相当する3点を定めると，四則演算が可能な「体もどき」k になる．

通常の幾何学の命題でも，射影幾何学の立場から考えると有利なものが多い．例えばDesarguesの定理は，上記 k で乗法の結合法則が成立することと同値であり，Pascalの六角形の定理(2次曲線が2直線に退化したPapposの定理)は，k で乗法の交換法則が成立することと同値である．3次元以上の射影幾何学ではDesarguesの定理が自動的に成立するので，非結合的な八元数(Cayley数)上の幾何学は2次元までしかできない．

k が有限体の場合には，直線上に点が有限個しかない有限幾何学が構成できる．近年これは符号系を始め，各種の組合せ問題に活用されている(岩波講座応用数学『離散数学』参照)．

ところでKleinは，1872年にエルランゲン大学教授に就任した際，『最近の幾何学的研究の比較考察』という論文を提出した．今日エルランゲン・プログラムと呼ばれているものである．その中で彼は幾何学を，空間に群が作用するとき，その群によって不変な性質を研究する不変式論と定義した．例えば射影変換群 G で不変な性質が射影幾何学である．G の中で，下記のような特定の図形を不変にする要素全体のなす部分群 H に対する不変式論が，対応する部分幾何学という位置づけである(第3章§3.3参照)．

1直線(無限遠直線)	アフィン幾何学
1直線と2虚点(虚円点)	相似幾何学
一つの2次曲線(絶対形)	非 Euclid 幾何学

これは幾何学を統制する優れた見解だったが，後年下記の Riemann 幾何学がこの範囲に含まれないので困惑したといわれている．

ところで3次元空間内の2次元曲面の微分幾何学は，19世紀初め，Gauss の研究によって大いに進展した．特に曲面の第1基本量が曲面上の量だけで定まるのを「黄金の定理」と呼んだ．Riemann は1854年 講師就任資格試験講演の『幾何学の基礎をなす仮設について』においてこれを抽象化し，今日の多様体，ならびに Riemann 多様体の概念を導入した．それは一口にいえば，空間の各小域ごとにスケールが入り，別の地域に移っても全体が整合している「連邦国家」である(参考書[27]参照)．

Riemann 多様体の幾何学は，19世紀を通じて，2次形式の不変量の形で研究されてきたが，20世紀に入って一般相対論の記述言語として使われた．さらに Levi-Civita の平行性の概念，およびそれを一般化した Cartan の接続の幾何学において，幾何学的な像をとり戻した．そして Whitney によるファイバー・バンドル(ファイバー束)の概念によって，Klein の立場との融合ができた．

その詳しい定義は岩波講座応用数学『ベクトル解析と多様体』にゆずるが，Atiyah は次のようなイメージを述べている．ファイバー・バンドル B は異方性のある空間である．「横」方向は Riemann 的な小域族の連邦国家型の底面である．「縦」方向は Klein 的な群の作用するファイバーという空間が，底面の各点上にあり，それらが群の作用に応じて少しずつ適当にずれて，全体として整合的につながっている．Klein 的な立場と Riemann 的な立場とは対立する概念ではなく，「巨象」B をどちらから見て，何を主題と考えるかの差にすぎない．

(4) むすび

広義の幾何学としては，上記の流れの他に，凸体の幾何，格子の幾何(幾何学的整数論)，球の充塡や被覆など，多彩な題材がある．しかもこれらはすべて代数学や解析学の高度の理論と複雑に関連している．

近年では歴史的に主流だった「整った図形」に対して，フラクタルなど昔は「病的」とよばれた図形が，コンピュータで容易に描くことができるようになったせいもあり，重要な研究課題になってきている．本書では以上のような歴史を背景として，古典的な「堅い整った図形」に関する幾何学を論じる．

第2章 Euclid 幾何学

コンピュータを活用した初等幾何学として，各種の座標の導入および三角形幾何学から始め，反転幾何学は複素数を活用した．必ずしも直線と円にこだわらず，コンピュータによる図も加えた．空間幾何学においては，球面三角法と正多面体への応用にも触れた．伝統的な幾何学とはかなり異質な展開であり，素材も筆者の好みに偏ったかもしれないが，ある程度初等幾何関連のハンドブックとして活用できることを期した．ただ Menelaos の定理など，一部の有名な結果で，射影幾何学の特殊な場合として第3章にまわしたものがある．

§2.1　平面幾何

(a)　いろいろな座標

(1)　直交座標と極座標

直線上に2定点 O, E を定めれば，O を**原点** (0)，E を正の**単位点** (1) とする**直線上の座標**を導入することができる．直線上の点 X に対して，

$$x = \pm \mathrm{OX}/\mathrm{OE} \tag{2.1}$$

とし，X が O に対して E と同じ側にあれば $+$，反対側にあれば $-$ の符号をつければよい(図 2.1)．

平面上の点 X については，直交する2直線の交点を原点 O(0, 0) とし，各直線上に単位点 $\mathrm{E}_1, \mathrm{E}_2$ を定めれば，X から両直線(座標軸)に平行に引いた直線がそれらの直線と交わる点 $\mathrm{X}_1, \mathrm{X}_2$ の直線上の座標の組 (x_1, x_2) によって，平面上

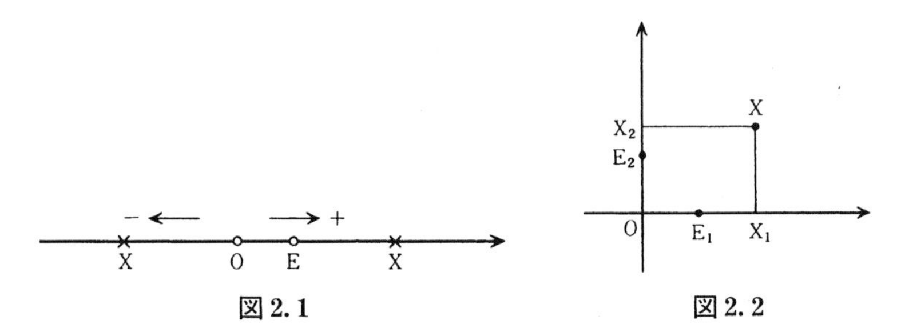

図 2.1　　図 2.2

の点 X の座標が定まる(図 2.2)．これを **Descartes 座標**というが，日本語ではふつう**直交座標**とよばれる．$x_1=x$, $x_2=y$ と記すことが多い．点 X_1, X_2 は X から各座標軸へ下ろした垂線の足とも解釈できる．

Euclid 幾何学では回転を考えるために，$OE_1=OE_2$ と両座標軸の単位長を等しくとる**等長座標**が通例だが，コンピュータの画面で，特に関数 $y=f(x)$ のグラフを扱うときには，縦横の比率を任意に設定できるほうが便利である．一般のアフィン幾何学(§ 3.3(a)参照)では，両座標軸が必ずしも直交しない**斜交座標**を考える必要があるが，実用上はほとんど使用されない．

平面上の座標 (x, y) をベクトルとして扱うこともある．また等長座標では，複素数 $x+\mathrm{i}y$ に対応させて複素数平面と考えると，回転や相似変換などに有利である．

平面上の点 X を，原点からの**距離** r と横軸の正方向からの**偏角** θ で表わすのが**極座標**である．直交座標との関係は

$$\begin{aligned} x &= r\cos\theta, \quad y = r\sin\theta \\ r &= \sqrt{x^2+y^2}, \quad \theta = \tan^{-1}(y/x) \end{aligned} \tag{2.2}$$

だが，偏角の式で機械的に逆正接の主値をとると，$x<0$ のとき誤りになる(図 2.3)．

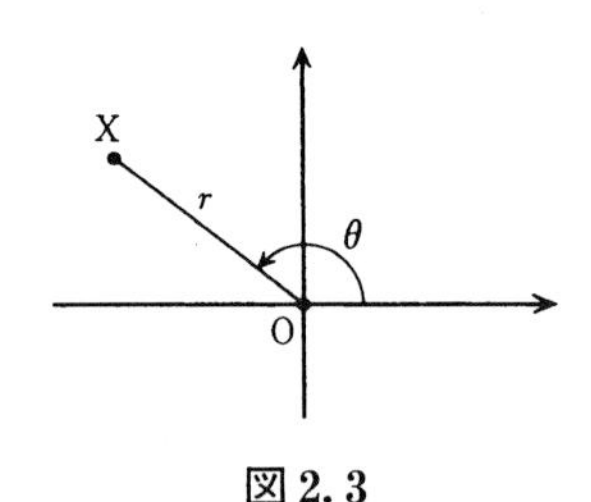

図 2.3

偏角 θ は，伝統的にラジアン単位で表わされることが多いが，微分・積分や複素数として指数関数(三角関数など)の値を利用するとき以外の目的には，むしろ度の小数，あるいは直角の小数の形で計算するほうが便利である．ただしそのためには，それに応じた三角関数・逆三角関数のプログラムが不可欠である．

(2)　直交曲線座標

初等幾何学ではあまり必要ないが，解析学で活用されるものに，各1パラメータの互いに直交する曲線族による座標がある．それを**直交曲線座標**とよぶ(概念的に図2.4に示した)．その大半は，平面を複素数平面とみなしたとき，適当な解析関数によって直交座標または極座標を変換した座標と解釈できる．表2.1に代表的な例を挙げた．表中，名称はそれぞれその後に「座標」をつけてよぶ．等パラメータ曲線族は，各1パラメータの曲線族の具体形であり，それらが原座標の曲線族(直交なら縦と横の平行線，極なら原点中心の同心円と放射線)を，右端の $f(z)$ で写した像として得られる，という意味である．極座標自身も一種の直交曲線座標である．

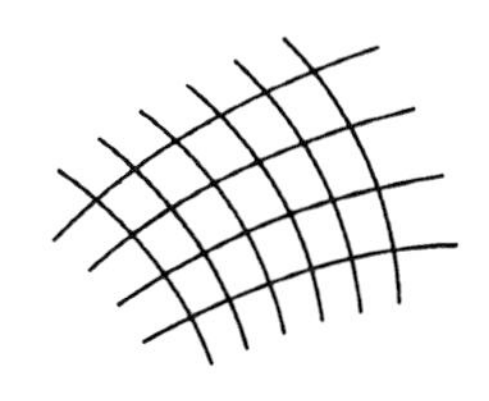

図2.4

表2.1　主な直交曲線座標

名称	等パラメータ曲線族	原座標	$f(z)$
極	原点中心の円と放射線	直交	e^z
放物線	原点を焦点，横軸を主軸とする右・左向きの放物線	直交	z^2
直角双曲線	$x^2-y^2=a,\ xy=b$	直交	$z^{1/2}$
双円	原点を通り，横軸・縦軸上に中心をもつ円	直交	$\dfrac{1}{z}$
双極	2定点 ±1 を通る円と，比が一定の Apollonios の円	極	$\dfrac{z+1}{z-1}$
楕円	2定点 ±1 を焦点とする楕円と双曲線	極	$\dfrac{1}{2}\left(z+\dfrac{1}{z}\right)$

(3) 過剰座標系

平面上の点は2個の実数で表現できるが，目的によっては3個以上の数の組で表現することがある．それを便宜上総称して**過剰座標系**とよぶ．

斜交座標は平面上の点Xをベクトル $\boldsymbol{x}$ で表わし，1次独立な基底ベクトル $\boldsymbol{a}, \boldsymbol{b}$ による表現 $\boldsymbol{x}=\lambda\boldsymbol{a}+\mu\boldsymbol{b}$ と解釈できる．ここで3個の基本ベクトル $\boldsymbol{a}, \boldsymbol{b}, \boldsymbol{c}$ をとり

$$\boldsymbol{x} = \lambda\boldsymbol{a}+\mu\boldsymbol{b}+\nu\boldsymbol{c} \tag{2.3}$$

と表現することを考える．(2.3)は一意的でないが，もしも同一の始点に対する基本ベクトル $\boldsymbol{a}, \boldsymbol{b}, \boldsymbol{c}$ の終点 A, B, C が退化しない三角形をなすならば，それらの1次従属関係は，次の形の式の定数倍に限る．

$$\alpha_0\boldsymbol{a}+\beta_0\boldsymbol{b}+\gamma_0\boldsymbol{c} = 0, \quad \alpha_0+\beta_0+\gamma_0 \neq 0 \tag{2.4}$$

したがって(2.4)の定数倍を加減することにより，(2.3)が

$$\lambda+\mu+\nu = 1 \tag{2.5}$$

を満たすように標準化でき，そのときの λ, μ, ν は一意的に定まる．(2.5)を満たす (λ, μ, ν) を，点Xの △ABC に対する**重心座標**という．

特に △ABC 内の点は $\lambda\geqq 0$, $\mu\geqq 0$, $\nu\geqq 0$ であり，$\boldsymbol{a}, \boldsymbol{b}, \boldsymbol{c}$ の**凸結合**で表わされる．(2.5)が成立するとき，(2.3)を

$$\frac{\boldsymbol{x}-\lambda\boldsymbol{a}}{1-\lambda} = \frac{\mu\boldsymbol{b}+\nu\boldsymbol{c}}{\mu+\nu} \tag{2.3'}$$

と変形すれば，AXの延長が辺BCと交わる点Tが，AXを $1:\lambda$ の比に外分し，BCを $\nu:\mu$ の比に内分することを示す．また △ABC の3辺の長さを a, b, c とし，その内部の点Xを通って3辺に平行な直線が他の辺と交わる点を図2.5のように，D, E ; F, G ; J, K とすると

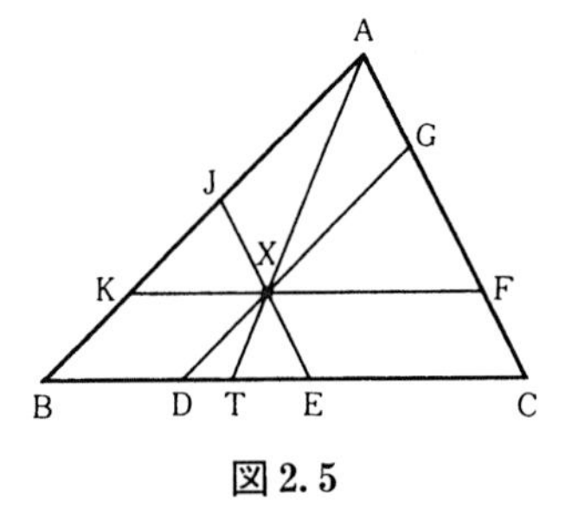

図 2.5

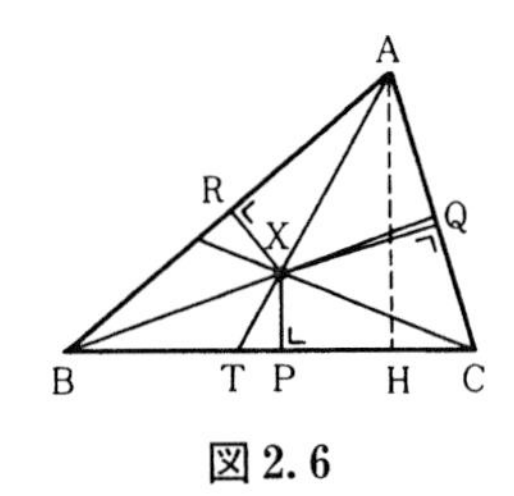

図 2.6

$$BD : EC = KX : XF = \nu : \mu, \quad DE = BC(XT/AT) = \lambda a$$

から，BD : DE : EC$=\nu:\lambda:\mu$ をえる．同様に

$$CF : FG : GA = \lambda : \mu : \nu, \quad AJ : JK : KB = \mu : \nu : \lambda \qquad (2.6)$$

また

$$\triangle XBC : \triangle XCA : \triangle XAB = \lambda : \mu : \nu$$

である．重心座標はこれらの関係から計算できる．

実用上は比のみを問題として，(2.5)を満たさなくても，$\sigma=\lambda+\mu+\nu\neq 0$ である (λ, μ, ν) をも**重心座標**とよぶことが多い(表2.2など)．そのときには，$(\lambda/\sigma, \mu/\sigma, \nu/\sigma)$ が正しい座標の値である．

三角形に対して点Xを表わすのに，Xから3辺に下ろした垂線XP, XQ, XRの長さ α, β, γ を使うこともある．これを**三線座標**という．その値はその辺に対して頂点と同じ側のとき正，反対側のとき負の符号をつける．重心座標との関係をみるために，頂点AからBCへの垂線をAH，三角形の面積を S とすると(図2.6)，

$$XP/AH = XT/AT = \lambda, \quad AH = 2S/a$$

から

$$\alpha = XP = 2S\lambda/a$$

同様に

$$\beta = 2S\mu/b, \quad \gamma = 2S\nu/c$$

であり，(α, β, γ) はつねに関係式

$$a\alpha + b\beta + c\gamma = 2S \quad (= \text{一定}) \qquad (2.7)$$

を満たす．この場合も比のみを問題にし，

$$\alpha : \beta : \gamma = XP : XQ : XR$$

である (α, β, γ) を，Xの**三線座標**とよぶことが多い．そのとき $(a\alpha, b\beta, c\gamma)$ あるいは $(\alpha \sin A, \beta \sin B, \gamma \sin C)$ は(拡張された意味の)**重心座標**を表わす．

ところで，平面上の直交座標(斜交座標でも可) (x, y) に対して，$x=x_1/x_0$, $y=x_2/x_0$ とし，これを (x_0, x_1, x_2) で表わしたものを**同次座標**という．これは全部が0ではない3数の組に対して，0でない定数を乗じた値を同値とした代表類をとったことに相当する．図形的には，3次元空間の原点を通る直線を1点とみなした商空間であって，**射影平面**と同位相である．$x_0=0$ が無限遠直線に

相当し，射影幾何学で使われる．これは両座標軸と無限遠直線のなす「三角形」の重心座標の一種の極限と解釈できる(§3.2参照)．

平面上の直線は $ax+by+c=0$ の形に表現されるが，同次座標では1次同次式 $ax_1+bx_2+cx_0=0$ の形で表現され，0でない定数を乗じても同一の直線を表わす．すなわち，直線が同次座標 $(a_0, a_1, a_2)=(c, a, b)$ で表現される．これを(上述の点座標と双対的な)**直線座標**という．なお円に関する座標は§2.1(c)で述べる．

(b) 三角形幾何

三角形を定めたとき，各種の「中心」とよばれる特別な点が多数知られている．巻末の文献[6]によると，これまで諸文献に載った諸中心が91種あるというが，代表的なものを表2.2に挙げた．このうち最初の5種を，伝統的に三角形の**五心**という．ただし傍心は合計3個ある．

表2.2 三角形の代表的諸中心

名称	直線	重心座標	三線座標
内心	内角の2等分線	a	1
傍心	1内角と2外角の2等分線	$(-a):b:c$ など	$(-1):1:1$ など
外心	辺の垂直2等分線	$\sin 2A$	$\cos A$
重心	中線	1	$1/a$
垂心	頂点から対辺への垂線	$\tan A$	$1/\cos A$
Fermat 点	頂点と外正三角形の頂点を結ぶ直線	$\dfrac{1}{1+\sqrt{3}\cot A}$	$\dfrac{1}{\sin(A+60°)}$
Napoléon 点	頂点と外正三角形の中心を結ぶ直線	$\dfrac{1}{\sqrt{3}+\cot A}$	$\dfrac{1}{\sin(A+30°)}$
第2 Napoléon 点	頂点と内正三角形の中心を結ぶ直線	$\dfrac{1}{\sqrt{3}-\cot A}$	$\dfrac{1}{\sin(A-30°)}$

表中で直線とした欄は，このようにして作られた3本の直線が同一の1点に会し，その点が左の名称のようによばれるという意味である．外(内)正三角形とは，対辺を1辺として三角形の外側(頂点と同じ側)に作った正三角形を表わす．重心座標・三線座標は，第1成分のみを示したが，他の成分は $a\to b\to c\to a$ を巡回的に変換してえられる．他の2個の傍心の重心座標は $a:(-b):c$,

$a:b:(-c)$ である．

外心O，垂心Gの重心座標の第1成分をそれぞれ

$$a^2b^2+a^2c^2-a^4, \qquad a^4-b^4-c^4+2b^2c^2$$

としてもよい．この両者の中点は**九点円**(各辺の中点，各頂点から対辺へ下ろした垂線の足，頂点と垂心の中点の9個の点を通る円)の中心Qであり，その重心座標の第1成分は

$$a^2(b^2+c^2)-(b^2-c^2)^2 \quad \text{または} \quad \sin 2\mathrm{B}+\sin 2\mathrm{C}$$

で表わされる．Fermat点は§2.1(d)参照．Napoléon点は数学が得意だった皇帝Napoléon Iが，若い頃に発見したと伝えられている．

前記91種の諸中心を相互に結ぶ直線は，合計103本ある．その中で最も有名なのは，外心・重心・垂心・九点円の中心を通る**Euler線**である．Fermat点・Napoléon点・外心，およびFermat点・第2 Napoléon点・九点円の中心はそれぞれ同一直線上にある(章末の演習問題2.2, 2.3も参照のこと)．

この種の共線関係を証明するには，それらの重心座標，または三線座標の成分を並べた3次正方行列式の値が0に等しいことを(必要ならば計算機による数式処理によって)示すのが，現在では最も一般的で効率的な方法である．そのときに $\mathrm{A}+\mathrm{B}+\mathrm{C}=180°$ から，次の関係式が成立することに注意する．

$$\sin\mathrm{A}+\sin\mathrm{B}+\sin\mathrm{C}=4\cos\frac{\mathrm{A}}{2}\cos\frac{\mathrm{B}}{2}\cos\frac{\mathrm{C}}{2}$$

$$\cos\mathrm{A}+\cos\mathrm{B}+\cos\mathrm{C}=1+4\sin\frac{\mathrm{A}}{2}\sin\frac{\mathrm{B}}{2}\sin\frac{\mathrm{C}}{2}$$

$$\tan\mathrm{A}+\tan\mathrm{B}+\tan\mathrm{C}=\tan\mathrm{A}\tan\mathrm{B}\tan\mathrm{C}$$

$$\sin 2\mathrm{A}+\sin 2\mathrm{B}+\sin 2\mathrm{C}=4\sin\mathrm{A}\sin\mathrm{B}\sin\mathrm{C}$$

三角形に関する諸量を以下にまとめた．対称でない式は a, b, c を巡回的に置換した公式が成立する．これらの公式の証明には，伝統的な初等幾何学的手法が有用なものも多いが，大半は，例えば外心を始点とするベクトルにより，前述の重心座標(または三線座標)を活用した計算によって，統一的に証明することが可能である．

3辺の長さを a, b, c，$s=(a+b+c)/2$ とおく．内心I，外心O，∠A内の傍心 I_1，垂心H，九点円の中心Q，辺BCの中点M, ∠Aの2等分線 AI_1 とBC

との交点 D，A から対辺への垂線の足 E とする(図 2. 7，2. 8).

$$S(\text{面積}) = \frac{1}{2}ab\sin \mathrm{C} = rs = r_1(s-a) = \frac{abc}{4R}$$
$$= \sqrt{s(s-a)(s-b)(s-c)} \qquad (\text{Heron の公式})$$
$$= (-a^4-b^4-c^4+2a^2b^2+2b^2c^2+2c^2a^2)^{1/2}/4$$

$$R(\text{外接円の半径}) = a/(2\sin \mathrm{A})$$

$$r(\text{内接円の半径}) = (s-a)\tan\frac{\mathrm{A}}{2} = 4R\sin\frac{\mathrm{A}}{2}\sin\frac{\mathrm{B}}{2}\sin\frac{\mathrm{C}}{2}$$

$$r_1(\angle\mathrm{A}\ \text{内の傍接円の半径}) = 4R\sin\frac{\mathrm{A}}{2}\cos\frac{\mathrm{B}}{2}\cos\frac{\mathrm{C}}{2}$$

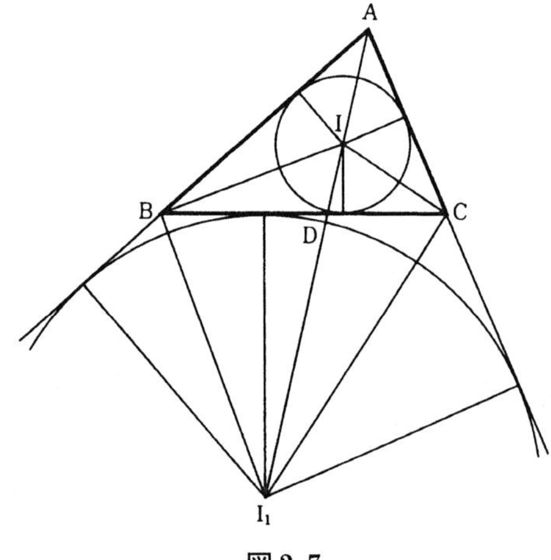

図 2. 7

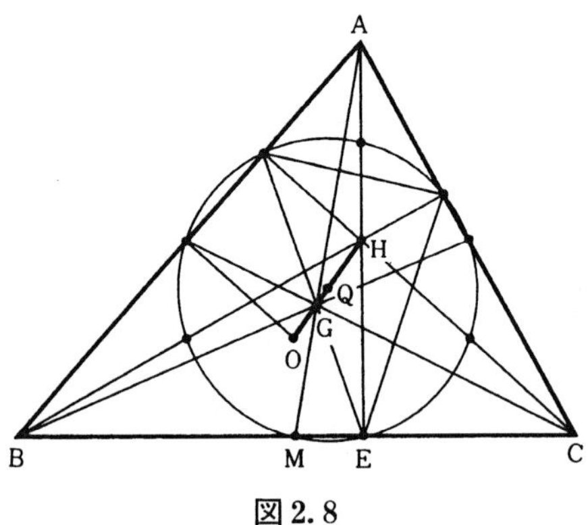

図 2. 8

$$\mathrm{AI} = 4R\sin\frac{\mathrm{B}}{2}\sin\frac{\mathrm{C}}{2},\quad \mathrm{II_1} = 4R\sin\frac{\mathrm{A}}{2},\quad \mathrm{AI_1} = 4R\cos\frac{\mathrm{B}}{2}\cos\frac{\mathrm{C}}{2}$$

$$\mathrm{BI_1} = 4R\sin\frac{\mathrm{A}}{2}\cos\frac{\mathrm{C}}{2},\quad \mathrm{CI_1} = 4R\sin\frac{\mathrm{A}}{2}\cos\frac{\mathrm{B}}{2}$$

$$\mathrm{OI}^2 = R^2-2Rr,\quad \mathrm{OI_1}^2 = R^2+2Rr_1\qquad (\text{Chapple の定理})$$

$$\mathrm{AM} = \frac{1}{2}\sqrt{2b^2+2c^2-a^2},\quad \mathrm{AD} = \frac{2bc}{b+c}\cos\frac{\mathrm{A}}{2} = \frac{2}{b+c}\sqrt{bcs(s-a)}$$

$$\mathrm{OH}^2 = R^2(1-8\cos\mathrm{A}\cos\mathrm{B}\cos\mathrm{C}) = 9R^2-(a^2+b^2+c^2)$$

$$\mathrm{IH}^2 = 2r^2-4R^2\cos\mathrm{A}\cos\mathrm{B}\cos\mathrm{C} = 2r^2+4R^2-(a^2+b^2+c^2)/2$$

$$\mathrm{I_1H}^2 = 2r_1^2-4R^2\cos\mathrm{A}\cos\mathrm{B}\cos\mathrm{C} = 2r_1^2+4R^2-(a^2+b^2+c^2)/2$$

垂足三角形の周 $= 2S/R = 4R\sin\mathrm{A}\sin\mathrm{B}\sin\mathrm{C}$

垂足三角形の面積 $= 2S\cos\mathrm{A}\cos\mathrm{B}\cos\mathrm{C}$

ついでに四辺形に関する諸量を挙げる．四辺形 ABCD の 4 辺 AB, BC, CD, DA の長さを a, b, c, d，対角線 AC, BD の長さを p, q，そのなす角を θ とし，$(a+b+c+d)/2=s$ とおく．

$$S(\text{面積}) = \frac{1}{2}pq\sin\theta = \frac{1}{4}(b^2+d^2-a^2-c^2)\tan\theta$$

$$= \frac{1}{4}\sqrt{4p^2q^2-(b^2+d^2-a^2-c^2)^2}$$

$$= \left[(s-a)(s-b)(s-c)(s-d)-abcd\cos^2\frac{\mathrm{A}+\mathrm{C}}{2}\right]^{1/2}$$

特に円に内接する場合には

$$S = \sqrt{(s-a)(s-b)(s-c)(s-d)}$$

$$p = \sqrt{(ad+bc)(ac+bd)/(ab+cd)}$$

$$q = \sqrt{(ab+cd)(ac+bd)/(ad+bc)}$$

$$\sin\theta = 2S/(ac+bd),\quad \cos\mathrm{A} = (a^2+d^2-b^2-c^2)/2(ad+bc)$$

外接円の半径 R に対し，

$$(4RS)^2 = (ab+cd)(ac+bd)(ad+bc)$$

また円に外接する場合には $a+c=b+d$ であり，

$$S = \sqrt{abcd}\sin\frac{\mathrm{A}+\mathrm{C}}{2} = \frac{1}{2}\sqrt{p^2q^2-(ac-bd)^2}$$

$$r(\text{内接円の半径}) = S/s$$

(c) 反転法と複素数の幾何

円を扱うには，平面を複素数平面とみて，複素数を活用するのが有用である．

複素数平面上の円の方程式は，$\bar{z}$ を z の共役複素数として，複素定数 a, b, c, d ($a \neq 0$, $c = \bar{b}$，a と d は実数)により

$$az\bar{z}+bz+c\bar{z}+d = (z, 1)\begin{pmatrix} a & b \\ c & d \end{pmatrix}\begin{pmatrix} \bar{z} \\ 1 \end{pmatrix} = 0 \tag{2.8}$$

で表わされる．$H=\begin{pmatrix} a & b \\ c & d \end{pmatrix}$ は Hermite 行列であり，円の**表現行列**とよばれる．これを円を表わす「座標」と考えてよい．H に 0 でない実定数を乗じた行列は，同じ円を表わす．

(2.8)の中心 z_0 と半径 r とは

$$z_0 = -c/a, \quad r^2 = (bc-ad)/a^2 \tag{2.9}$$

で表わされる．それが実の(虚でない図形として存在する)円である条件は $bc > ad$ である．なお $a=0$, $bc \neq 0$ のときには，(2.8)は直線を表わす．

一方が他方の実数倍でない二つの Hermite 行列

$$H_i = \begin{pmatrix} a_i & b_i \\ c_i & d_i \end{pmatrix} \qquad (i = 1, 2)$$

に対し，両者の**交角**(交点での接線のなす角) ω は

$$\cos\omega = \frac{a_1d_2+a_2d_1-b_1c_2-b_2c_1}{2\sqrt{(a_1d_1-b_1c_1)(a_2d_2-b_2c_2)}} \tag{2.10}$$

で与えられる．両円が実際に交わる条件は，(2.10)の右辺の値(実数)が -1 と $+1$ の間にあることである．

定理 2.1 基準円の中心でなく，周上にもない定点 z を通り，その円と直交する円は，すべて z 以外の一定点 z^* を通る．z^* を基準円に対して z を**反転**した点という(図 2.9)．

[略証] 基準円を表わす Hermite 行列を $\begin{pmatrix} a_0 & b_0 \\ c_0 & d_0 \end{pmatrix}$ とすると，他の円の条件は係数を a, b, c, d として，

$$\begin{aligned} &az\bar{z}+bz+c\bar{z}+d = 0 \\ &ad_0-bc_0-cb_0+da_0 = 0 \qquad \text{(直交条件)} \\ &az^*\bar{z}^*+bz^*+c\bar{z}^*+d = 0 \end{aligned} \tag{2.11}$$

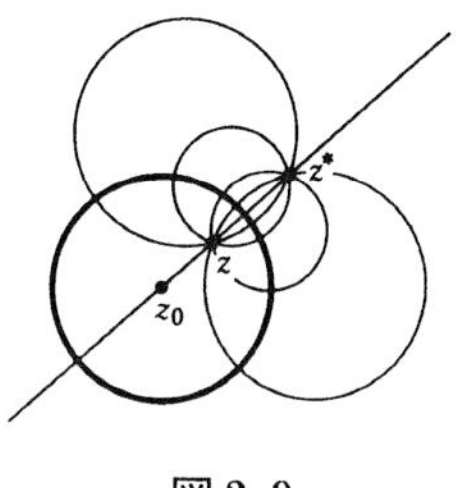

図 2.9

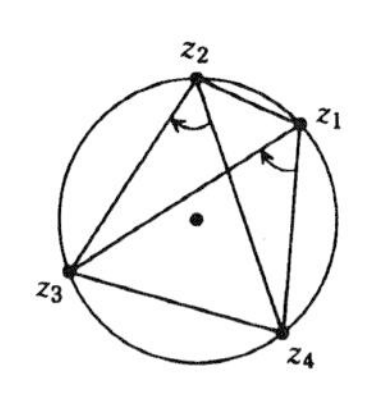

図 2.10

である．$z^*=-(c_0\bar{z}+d_0)/(a_0\bar{z}+b_0)$ とおくと，(2.11)を a, b, c, d に関する連立1次方程式とみたときの係数行列の階数が2となり，そのような円の1パラメータ族が存在する． ■

z^* は基準円の中心 z_0 と z を結ぶ半直線上で，

$$|z^*-z_0|\cdot|z-z_0| = r_0{}^2 \qquad (r_0 \text{ は基準円の半径})$$

を満たす点である．z が基準円の周上にあれば，$z^*=z$ としてよい．$z=z_0$ ならば，z^* は無限遠点と解釈できる．特に基準円が**単位円**，すなわち $z\bar{z}=1$ ならば，$z^*=1/\bar{z}$ であり，基準円が直線ならば，z^* はそれに対する z の対称点である．z の反転 z^* をとる変換を**反転法**という．

反転法は，円を主体とした初等幾何の重要な話題だが，複素1次分数変換(Möbius 変換) $\dfrac{\alpha z+\beta}{\gamma z+\delta}$ $(\alpha\delta-\beta\gamma\neq 0)$ と共役複素数 $\bar{z}$ を使って，統一的に扱うことができる．相似変換は，相似の中心を中心とする2個の同心基準円に関する反転の合成で表現できる．

定理 2.2 円に関する反転法により，一般に円は円にうつる．ただし基準円の中心を通る円は直線にうつる．

［略証］ 直接に変換公式からも証明できるが，4点 z_i の反転を $z_i{}^*$ とすると，z_i $(i=1,2,3,4)$ の**非調和比**(§3.2(a)をも参照)

$$(z_1, z_2\,;z_3, z_4) = \frac{z_3-z_1}{z_4-z_1}\Big/\frac{z_3-z_2}{z_4-z_2} \tag{2.12}$$

について

$$(z_1{}^*, z_2{}^*\,;z_3{}^*, z_4{}^*) = \overline{(z_1, z_2\,;z_3, z_4)} \qquad (\text{共役複素数}) \tag{2.13}$$

であることと，4点が同一円周上にある必要十分条件が，非調和比(2.12)が実数ということに注意すればよい(図2.10)． ■

複素数を利用すると鮮やかに証明できる平面幾何学の定理は多数あるが，典型的な例を一つだけ示す．

例 2.1 (Ptolemy の定理)　4 点 A, B, C, D が この順に同一の円周上にあるとき

$$\mathrm{AB}\cdot\mathrm{CD}+\mathrm{BC}\cdot\mathrm{AD} = \mathrm{AC}\cdot\mathrm{BD} \tag{2.14}$$

が成り立つ．

[証明]　4 点を表わす複素数を順次 z_1, z_2, z_3, z_4 とする．

$$(z_1-z_2)(z_3-z_4)+(z_2-z_3)(z_1-z_4) = (z_1-z_3)(z_2-z_4) \tag{2.15}$$

は恒等式である．4 点がこの順に同一円周上にあれば，非調和比

$$\frac{(z_1-z_2)(z_3-z_4)}{(z_1-z_3)(z_2-z_4)},\quad \frac{(z_2-z_3)(z_1-z_4)}{(z_1-z_3)(z_2-z_4)}$$

の値はともに正の実数なので，両者の絶対値の和は(2.15)によって 1 に等しい．これは(2.14)を意味する．　■

Ptolemy(Ptolemaios の英語流綴り)の定理は，何回となく再発見されて注意されているように，じつは弦関数(円弧に対する弦の長さ，$2\sin(\theta/2)$ に相当)の加法定理にほかならない．Ptolemaios 自身これを弦関数の数表作成に活用した．このときバビロニアの 60 進法体系により，半径 60 の円で長さ 60 の弦の中心角を 60 度と設定したのが，全周を 360 度とする慣用の度分秒の尺度になった．

(d)　変換幾何

平面を同じ平面に移し，2 点の長さを変えない変換 T を**等長変換**という．さらに角の向きをも変えないとき，**狭義の**(または**同じ向きの**)**等長変換**という．なお前者は，狭義の等長変換に一つの直線に関する反転(鏡像)を合成した変換である．

定理 2.3　狭義の等長変換 T は回転または平行移動である．

[略証]　T が 2 点 A, B を不動点とすれば，恒等変換である．T が 1 点 A のみを不動点とするときに，他の 1 点 B の像 B′ を B に戻す A 中心の回転を合成すれば，A, B 2 点が不動点になり，恒等変換となるから T は回転である．T が不動点をもたなければ，1 点 A の像 A′ を A に戻す平行移動 P を合成す

るとAが不動点になる．この変換 R が角 $\theta(\neq 0°)$ の回転ならば，AB＝A′B, ∠ABA′＝θ（向きも含めて）である二等辺三角形BAA′の頂点Bは R と P^{-1} の合成である T で自分自身にうつり，T の不動点になる．ゆえに R は恒等変換で，$T=P^{-1}$（平行移動）である．■

さらに詳しくいえば，角 θ の回転と平行移動の合成は，唯一の不動点を中心とする角 θ の回転である．角 θ と角 φ の回転の合成は，$\theta+\varphi=\alpha$ が 360° の整数倍でなければ，角 α の回転であり，α が 360° の整数倍ならば平行移動である．また鏡像も許せば，回転は中心で交わる2直線，平行移動は平行な2直線に対する次々の反転の合成で表わされるので，等長変換は，すべて鏡像の合成（狭義のは偶数回）で表現できる．これらの性質を使うと，うまく証明できる初等幾何学の定理が多い．一例を示す．

例 2.2　三角形ABCの各辺の外側に正三角形BCL, CAM, ABNを作る（図2.11）．点A [B, C] を中心とする60°の回転で，△NAC [△LBA, △MCB] は△BAM [△CBN, △ACL] に重なるのでNC＝BM＝AL，かつこれらは互いに60°の角度で交わる．これらが同一点（Fermat点）で交わる．

［略証］　BMとNCとの交点をPとし，Aを中心とする60°の回転でQに移るとすると，QはBM上にあり，AP＝AQ, ∠PAQ＝60°なので，△APQは正三角形であり，∠APQ＝∠APM＝60°である．したがって，APはALと

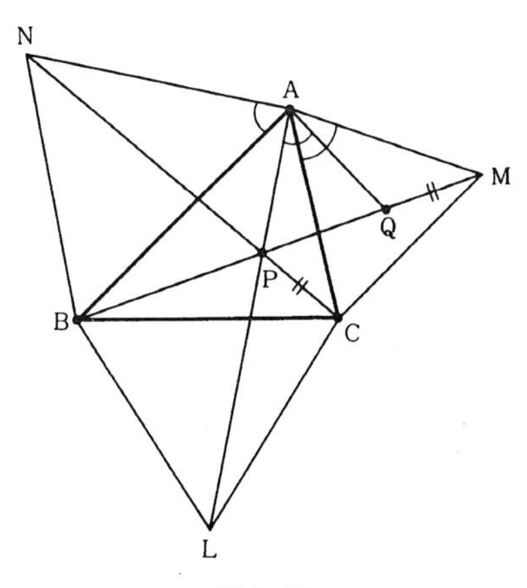

図 2.11

一致する． ▮

A を中心とする 60° の回転を A[60°] と略記すると，例えば下記の変換の合成(左から右へ)は次のようになる．

A[60°], C[60°], B[60°] = 線分 CN の中点 [180°]

A[60°], L[−60°], C[60°], M[−60°], B[60°], N[−60°] = 恒等変換

B[60°], L[60°], C[60°] = L[180°]

ところで，△ABC のどの内角も 120° より小さければ，その点で各辺の作る 3 個の角がすべて 120° ずつであるような Fermat 点は，**和 AP+BP+CP を最小にする点である．** これは例 2.2 の記号で，Fermat 点 P について

$$AP+BP+CP = PQ+BP+QM = BM$$

であることに注意すればよい．他のどの点も，3 頂点までの距離の和は，2 定点 B, M 間の折れ線となり，BM 自体よりも長い．

等長変換群の離散部分群 H で，一つの定直線 c を不変にし，c 上での変換が基本的併進 τ の無限巡回群になるものを**フリーズ群**という．これはフリーズ模様を生成するからであるが，平面格子や結晶学とも関連がある．フリーズ群は完全に分類されている．c に対する平面の反転を R_c，c 上の点 P に関する 180° 回転を H_P，P を通って c に垂直な軸に対する反転を R_P とすると，フリーズ群は下記の 7 種に限られる．[ ] 内はその生成元を意味する．

(1) 狭義の等長変換のみのもの

(i) $[\tau]$ (ii) $[\tau, H_P]$

(2) 向きを反転させる変換も含むもの

(iii) $[\tau, R_c]$ (iv) $[\tau, R_P]$ (v) $[\tau, H_P, R_c]$

(vi) $[\tau, H_P, R_Q]$ (Q は特別な点に限る)

(vii) $\sigma^2=\tau$ である回映変換(ずらせて反転する) σ から生成される群

(e) 初等幾何学の話題

(1) LOGO 幾何

LOGO は Papert らが開発した計算機言語である．最初は機械式のタートル(亀)をあやつって図形を描くコマンドだった．

伝統的に図形はそれ自体が完成した対象として扱われることが多い．例えば

正方形は長さが等しく順次直交している4辺で囲まれた図形と定義される. LOGO幾何では, 正方形とは

[1] 一定の距離進む

[2] そこで左に90°曲がる

[3] 上記[1],[2]の操作を合計4回続けて行なう

という操作で作られる図形と考える. すなわちそれを構成する手順を本質的な対象とする. これは曲線を弧長と曲率とで表現する「自然幾何」と同じ考え方であり, 計算機による図形処理にも有用な考えである. この操作を曲面上で実行すれば, 一般に終点は出発点に戻らず, 戻ったときの方向も違う. しかし位置の差と方向の差の適当な極限が, それぞれ曲面の(出発点での)捩率と曲率を表わす. このように微分幾何学への発展も期待できる.

ただ現在にいたる伝統的な初等幾何学の中で, この種の考え方が真に有効な例は乏しく, LOGO幾何に基づく幾何学教育における成果は, 今のところ疑問である.

(2) 誤った証明

Euclidの失われた著作の一つに『擬似理論』(Pseudaria)があったといわれる. その内容は不明だが, もっともらしいけれども誤った幾何の命題や証明集と推定されている.

現在流布している例は, すべて近年の発案であり, 特にLewis Carroll(本名C. L. Dodgson)によるものが多い. 「すべての三角形は二等辺三角形である」, 「ある鈍角は直角に等しい」, 「正方形に内接する長方形は正方形である」, などが有名な例(演習問題2.6もその一つ)である. ここにはあまり知られていない一例を挙げる.

例2.3 四辺形の相対する角と相対する辺が等しければ平行四辺形である(この命題はじつは正しくない).

[証明もどき] 図2.12において, $\angle A=\angle C$, $AB=CD$とする. B, DからAD, BCへ垂線BX, DYを下ろすと, $\triangle ABX$と$\triangle CDY$は2角と1辺が等しいので合同であり, $BX=DY$, $AX=CY$である. 次に$\triangle BXD$と$\triangle DYB$とは, 斜辺と1辺が等しい直角三角形なので合同であり, $DX=BY$. したがって$AD=BC$となって, ABCDは平行四辺形である. ■

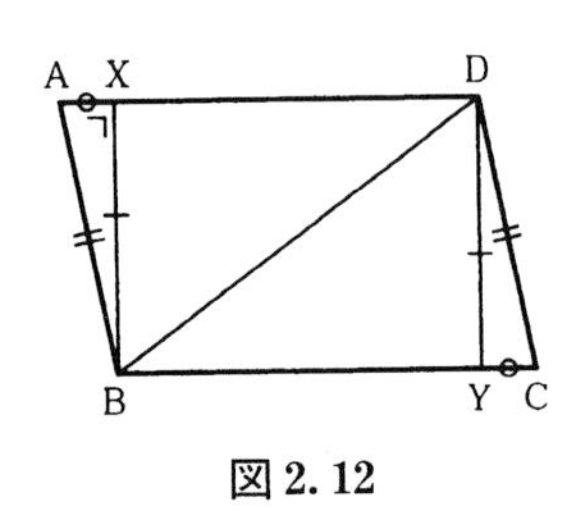

図 2.12

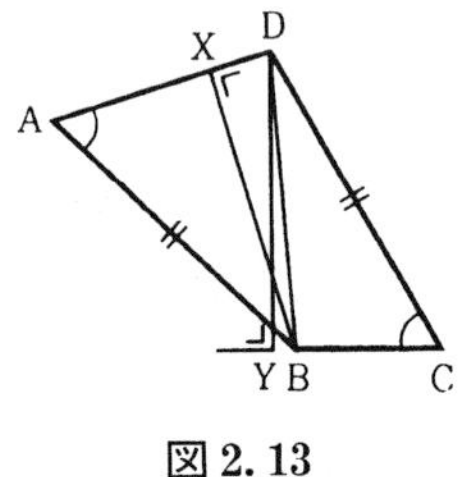

図 2.13

この種の誤った証明に共通な特徴は，順序の公理が明確でなく，不正確な図から和・差を誤った推論をする点である．この命題も，垂線の足 X, Y の一方が辺上，他方が延長線上にある場合があり，実際に AD≠BC である反例がある(図 2.13)．この例で，△ABD と △CBD は，2辺と1対角が等しいが，このとき必ずしも両者は合同とは限らない．合同でないときには，もう一方の等しい辺に対する角(この例では ∠CBD と ∠ADB)が補角になる．

(3) リンク機構

19世紀には特許もからんで，各種の動力伝達機構の研究が広く行なわれた．特に剛体の棒をピンで結合した**リンク機構**により，完全な直線運動を実現することが大きな問題になり，いくつかの解がえられた．最も優美なのは，図 2.14 に示した Peaucellier の装置である．詳しい解説は略すが，APBQ が菱形，OA=OB, OS=SP であり，2点 P, Q が円に対する反転である．反転法(§2.1(c))によって，基準円の中心 O を通る円 S が直線にうつることを応用した機構である．

このほか，歯車の幾何学などが「応用幾何」とよばれていた時代があった．

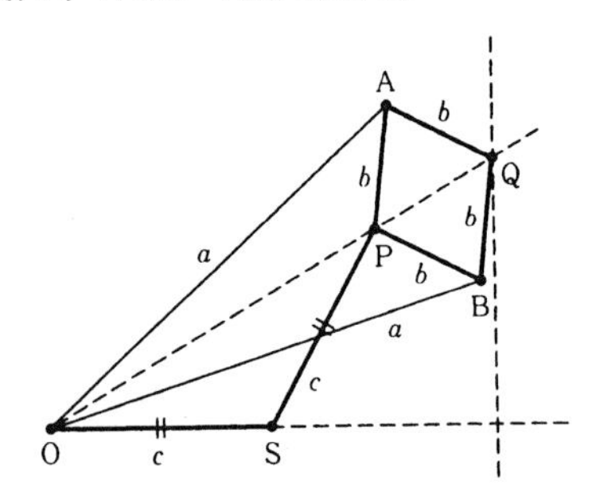

図 2.14 O, S は固定

(4)　初等幾何の自動証明

初等幾何学の定理を計算機に証明させる試みは，人工知能研究の一環として1950年代から多数行なわれている．初期に行なわれたのは，目標の定理の証明に必要な予備定理を全部用意し，計算機が目標を証明するのに必要な補助定理を作ってゆく方式だった．これはしばしば「鍵となる1本の補助線」を正しく発見し，予想以上に鮮やかな証明に成功した．しかしこの方式は，完全なお膳立ての下での演習にすぎず，この種の証明の真の難点は「正しい基本定理を選択」する判断能力にある．少数の場合は全数検査で対処できたが，それだけでは少し複雑になると，たちまち「組合せ地獄」に陥った．

じつはEuclid幾何学のうち，Hilbertの公理中，順序の公理を使わずに証明できる等式の命題は，決定可能であることが知られている．最初にこれを示したTarski自身の証明(のアルゴリズム)は，実用には非効率的だったが，現在では，呉文俊らによるかなり効率的なアルゴリズムが工夫されている．もっともらしい命題を計算機に自動証明させ，「新しい」定理を発見することも夢ではない．原理的には，多変数の多項式 $p_1, \cdots, p_m$ から生成されるイデアルに，与えられた多項式 q (またはその累乗)が含まれるか否かの判定である(岩波講座応用数学『計算代数と計算幾何』参照)．ただし実用には，一般論だけでは不十分であり，個々の工夫が不可欠らしい．

§2.2　軌跡と作図

(a)　軌跡

(1)　軌跡

与えられた条件を満たす点の集合 C を**軌跡**という．ただしこの用語は，C が曲線になる場合に使うのが慣例である．伝統的な初等幾何学では，C が直線・円またはその一部やそれらの合併になる場合に限るのが普通だが，座標幾何を使う場合には，高次の代数曲線や三角関数で表わされる曲線になる場合をも扱う．計算機の画面上では，それによって描くことができる曲線すべてを許容してよい．

数学的に完全な議論では，えられた曲線上での範囲の吟味が重要である．特別な点が抜ける場合も多いが，近年の数学では，一種の極限として，そこを埋めることが多い．例えば曲線上の2点A, Bを結ぶ直線は，A=Bのときにはそこでの接線と解釈するなど，与えられた条件の文面を拡張解釈・修正して，できるだけ軌跡が閉集合になるようにするのが普通である．

代表的な軌跡として，2定点，2定直線，1定点と1直線からの距離の，ある関数が一定である点の軌跡を表2.3にまとめた．このうち*をつけたものは，伝統的な直線・円以外の曲線である．

表2.3 軌跡の例

(i) 2定点からの距離の関数が一定
- 和 楕円*
- 差 双曲線*——差が0なら垂直2等分線
- 積 Cassini の橙形*
- 比 Apollonios の円
- 2乗の和 AB の中点を中心とする円
- 2乗の差 AB に垂直な直線

(ii) P で交わる2定直線からの距離の関数が一定
- 和 両直線上に頂点をもつ長方形の周
- 差 上記の長方形の辺の延長——差が0なら角の2等分線
- 積 双曲線*
- 比 P を通る直線

(iii) 定点 P と定直線からの距離の関数が一定
- 和 放物線 2個*
- 差 放物線*
- 積 4次曲線*
- 比 P を焦点とする2次曲線*

そのほか，定円に関する円の反転が円(中心を通るときは直線，§2.1(c)参照)であるとか，△ABC の A を固定し，同じ向きに相似になるように B を与えられた曲線 Γ 上に動かせば，C は Γ と相似な曲線を描く，なども軌跡の例である．

近年では，画面上で条件を満たす点を次々に探して，それらを結ぶ作図ツールが作られ，試行錯誤的に軌跡を求めることが容易になった．その後その性質を調べれば，教育上有用である．関数のグラフや媒介変数表示された曲線

$$x = \varphi(t), \quad y = \psi(t) \qquad (a \leqq t \leqq b)$$

は，容易に画面上にプロットできる．この場合に，画面の縦横のスケールを自

由に変更できないと，曲線の一部のみではかえって誤った印象を与えることが多い．

形の定まった閉曲線(主に円)に固定された定点が，一定の曲線(導線)に沿ってころがるときに描く軌跡は，一般に**ルーレット曲線**とよばれる．特に定円の内部を半径が定円の半径の 1/2 の円がころがるときには，その周上の 1 点の軌跡は，定円の直径である．半径が 1/4 のときには**星形**(アステロイド)であり，半径が 1/3 のときには**三星形**(デルトイド)である(図 2.15)．この種の諸曲線をコンピュータの画面に描き，それを各種の絵の素材とする試みは，数学と芸術の接点の一つとして期待したい．

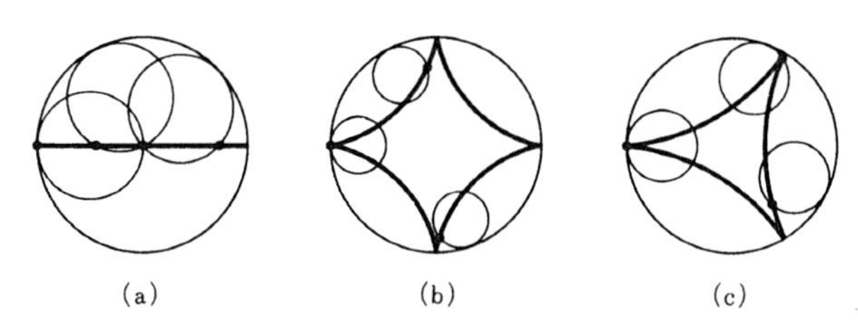

図 2.15　(a) 直径，(b) アステロイド，(c) デルトイド

(2)　包絡線

動点の軌跡の双対概念として，動曲線族のすべてに接する曲線，あるいはごく近い曲線の交点の極限点の軌跡を**包絡線**という．曲線族が 1 助変数 λ を含む陰関数 $f(x, y\,;\lambda)=0$ で与えられるとき，包絡線は

$$f(x, y\,;\lambda) = 0, \qquad \partial f(x, y\,;\lambda)/\partial\lambda = 0$$

の 2 式から λ を消去した方程式としてえられる．ただしこれには，それ以外の曲線が含まれる場合もある．

包絡線が直線や円になる(しかも直観的にすぐわかるほど単純でない)実例が稀なため，初等幾何学で扱われる例は少ないが，コンピュータの画面に曲線族を描くと，包絡線が容易に見える．以下に二三の例を挙げる．ただしいずれの例でも，円と直線以外の曲線が現れる．

例 2.4　互いに直交する 2 直線の上にそれぞれ一端をもつ一定長の直線族の包絡線は**星形**(アステロイド)である．定長を 1 と標準化すれば，$x^{2/3}+y^{2/3}=1$ で表わされる(図 2.16)．このとき，線分上の 1 定点の軌跡は楕円(特に中点は

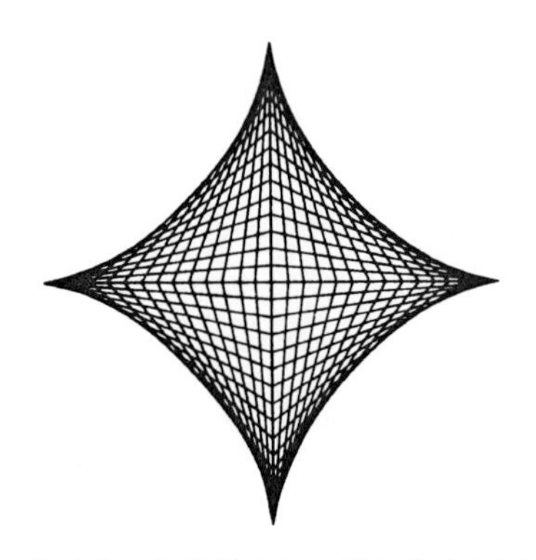

図 2.16 動線分の包絡線として描かれたアステロイド

円)である. □

例 2.5 △ABC の外接円の周上の点 P から 3 辺またはその延長線に下ろした垂線の足は同一直線の上にある. これを **Simson 線**というが, 真の発見者は Wallace とのことである. ここで P を動かしたとき, Simson 線の包絡線は何か? 図を描くと一見, 3 個の円弧のように見えるが, じつは △ABC の形とは無関係に次のような**三星形**である(図 2.17). すなわち, △ABC の九点円 Q と

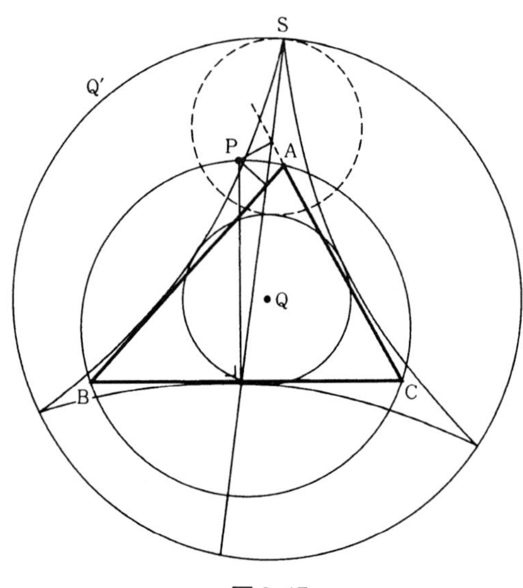

図 2.17

同心で半径がその3倍の定円Q′を導線とし，Qを通るSimson線(3本あることが証明できる)がQ′と交わる点Sにおいて，最初Q′に接していた九点円と同大の円をQ′の内側にころがすとき，最初Sにあった点の描く軌跡である．この結果はSteinerが初等幾何的に示した．□

例2.6　放物線 $y=x^2/4$ の $x>0$ にある部分の上に中心をもち，x 軸に接する円の包絡線は，右半平面で焦点 $(0,1)$ を中心とする半径1の円の右半分である．これらの円の内部の合併は，左半平面では $\{y>2\}$ 全体になる．これは直観的には信じにくいが，コンピュータによる作図では，その傾向が見てとれる(図2.18)．□

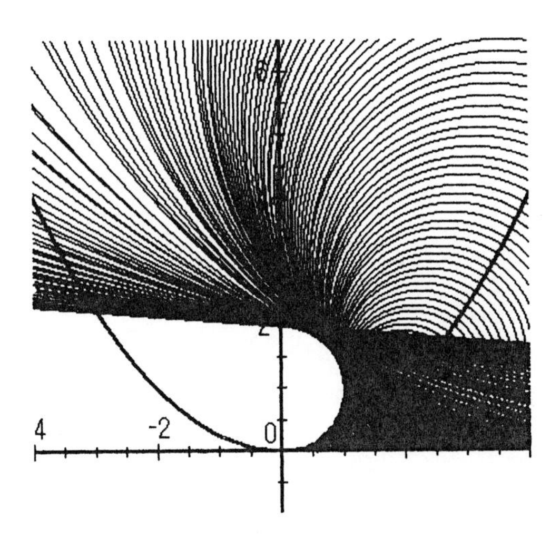

図2.18　$y=x^2/4$ $(x>0)$ 上の点を中心として，x 軸に接する円の占める範囲(IBM「関数ラボ」による作図．佐藤公平，赤石雅典両氏に負う)

例2.7　定円Oとその周上にない1定点Pを定める．円周上の動点XとPとの垂直2等分線の包絡線は，OとPとを焦点とする2次曲線である．すなわち，Pが円内にあれば楕円，円外にあれば双曲線となる(図2.19に後者の場合を示した)．これは紙を折って，Pを円周上の点Xに合わせる折り目の包絡線として実現できる．Pが円周上にあれば，上述の直線は中心Oを通り，包絡線は1点に退化する．放物線をえるには，Pを通らない直線(準線)上にXを動かせばよい．□

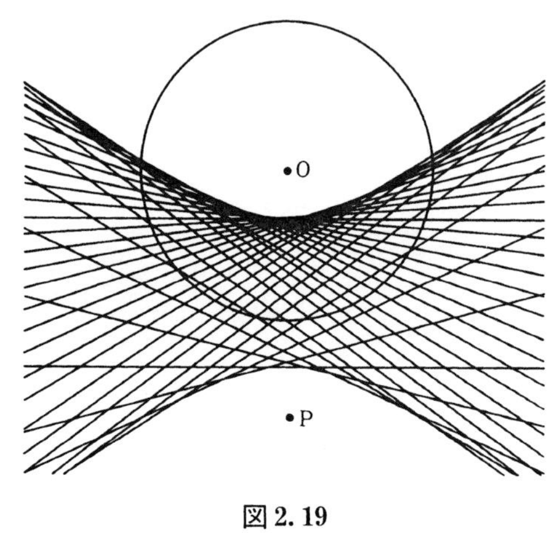

図 2.19

(b) 作図問題

(1) 作図の意味

与えられた条件を満たす図形を構成することを，**作図問題を解く**という．Euclid 以来の伝統的な作図問題は，製図の技法ではなく，対象の構成的存在証明だった．そのために正式には次の諸手順が望まれる(部分的な省略はよい)．

解析 与件と目標との関連を調べ，作図法を発見する．

作図(アルゴリズム) 目標図形の構成手順を示す．

証明 それが所要のものであることを示す．

吟味(完備証明) それ以外に解がないことを確かめる．

伝統的な作図は，無限に広げられる平面上で，定規(直線)とコンパス(円)のみを有限回作って実行するが，その他の器具を使う作図とか，使用できる点・線の範囲を限定して行なう限地作図や，道具を制限する(コンパスのみ，1円と定規のみ，定規の長さを限定など)作図も研究されている．

伝統的な作図の公準は，次の**基本作図**である．

(i) 2点が与えられたとき，それを結ぶ直線を作る．

(ii) 線分が与えられたとき，それを任意に延長する．

(iii) 中心と半径を与えたとき，円を描く．

(iv) 円や直線が交わるとき，その交点をとる．

Euclidの『原論』では，(iii)を「中心と周上の1点から円を作る」としている．そのように限定しても，われわれが実用上で行なっているように，コンパスの開きを他の線分に合わせてそれを移動させ，一方を中心に重ねて円を描く操作ができる．そのことを示すのが『原論』第1巻の最初の3命題である．もっともその第1命題で，正三角形を作るときに両円の交点の存在を保証する公理(連続の公理)がないのが，昔から批判の対象になっている．

作図に関する一般的なアルゴリズムはないが，比較的広く使われる有用な手法に，下記のものがある．

(i)　軌跡交会法(ただし軌跡は円と直線に限る)

(ii)　モデル作成法(合同や相似な図形を作って，所要の位置に合わせる．この一種として試行錯誤形補助作図から真の解を求める方式もある)

(iii)　変換の利用(対称性・回転・反転法などを活用)

(iv)　幾何代数(2次体上の作図)を援用

(v)　射影幾何学(第3章参照)での作図の活用(原則として直線のみを使用するが，一つの2次曲線を与えてそれを利用する作図もある)

紙数の関係で，個々の実例を挙げるのは省略するが，(v)の一例を挙げる．その解答は§3.1(c)の末尾で扱う．方針は図2.20のような円周上の点A′からA″への射影的対応の不動点を求めることである．

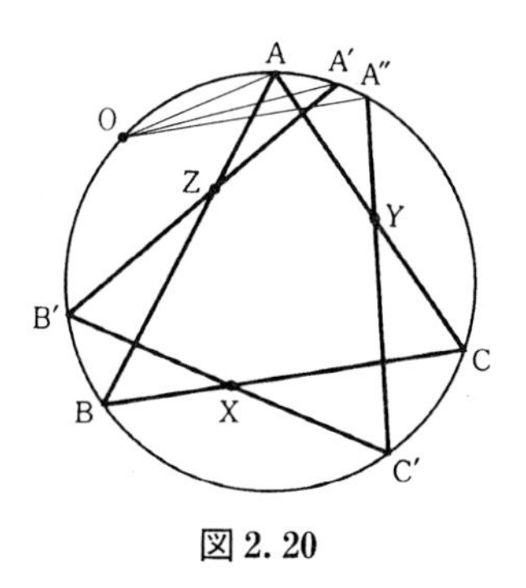

図2.20

例2.8　円(一般に2次曲線)内に3定点X, Y, Zが与えられたとき，円に内接する三角形ABCを作り，その各辺にX, Y, Zが1点ずつ乗るようにせよ(**Cramer-Castillon の作図問題**)．　□

Cramer は連立1次方程式の「Cramer の公式」の発見者である．Castillon はイタリアの数学者だが，この名はじつは出身地であり，本名は Salvemini である． □

(2) 作図不能問題

古代ギリシャにおいて，次の3大作図問題が有名だった．

(i) **円積問題** 円と等面積の正方形を作る．

(ii) **立方倍積問題** **Delos の問題**ともいうが，Delos は神殿のあった地名であって，人名ではない．

(iii) **任意角の3等分**

これらはいずれも19世紀になって**作図不能**であることが証明された．「作図不能」の意味は，前述の作図公準(通例「定規とコンパスで」という)のみという限定された手段だけでは，それらを構成する**アルゴリズムが存在しない**ことが，数学的に厳密に証明されたことを示す．けっして解そのものが存在しないのでもないし，困難だからあきらめたのでもない．

定規とコンパスのみで作図できる対象は，有理数体を基礎体として，それから2次の代数拡大を有限回反復してえられる代数体の要素に限る(岩波講座応用数学『基礎代数』参照)．特に $p=2^{2^n}+1$ が素数である $p=3, 5, 17, 257, 65537$ に対する正 p 角形は(定規とコンパスで)作図可能である．

3大作図問題のうち円積問題(これは超越数 π に関連する)以外の他の2問題をはじめ，正七角形・正九角形の作図など，多くの作図不能問題は，3次方程式に帰着される．それらは各種の特殊器具や(円でない)2次曲線を使えば作図可能だし，折り紙による作図も研究されている(それは本質的には，例2.7の折り目の包絡線による2次曲線を利用する方法である)．また，実用上十分な精度の近似作図法も多数知られている．不幸にして現在でもなお「作図不能」の意味を正しく理解しない，いわゆる「角の3等分屋」が跡を絶たないのが残念である．

上述とは別種の作図不能問題として，中心を示していない円周が与えられたとき，その中心が定規だけでは求められないという Hilbert の定理(およびそれと関連した作図)がある．作図不能問題の理論は，ある理論の限界を示す典型例として意義がある．

§2.3　空間幾何

本節では3次元Euclid空間の幾何学を空間幾何と略称して解説し，あわせて球面三角法の入門的な事項を述べる．関連する事項として，画法幾何学や地図投影法などがあり，また3次元データを立体ディスプレイする方法なども興味ある話題だが，それらはすべて割愛する．

(a)　空間図形の基礎

(1)　基本要素

空間幾何の基本要素(無定義要素)は**点**，**直線**，**平面**であり，これらの**結合関係**は，**Hilbert の公理系**に明確に述べられている．以下にその要点を挙げる．

二つの平面は平行である(交わらない)か，または直線を共有し，1点のみを共有することはありえない．3平面が一般の位置にあるときには，1点のみを共有する．それ以外の形態として，二つ以上の平面が一致するときを除くと，次の四つの場合がある．すなわち，三つとも平行，二つが平行で他がそれらと交わる(交線は平行)，二つずつの交線が互いに平行で三角柱状をなす，共線，のいずれかである．**Penrose の図形**(一例は 図2.21)が実現不可能なのは，図中の α, β, γ の3平面(の2枚ずつの交線)が1点に会さないからである．

平面は，同一直線上にない3点，1直線とその上にない1点，交わる2直線，平行な2直線，などによって一意的に定まる．

二つの直線は，同一平面上にあれば，平行か，互いに交わるかのいずれかであるが，一般には同一平面上にない．このときには交わらず，**ねじれの位置**に

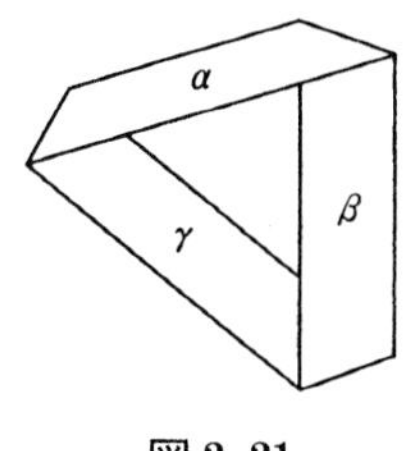

図2.21

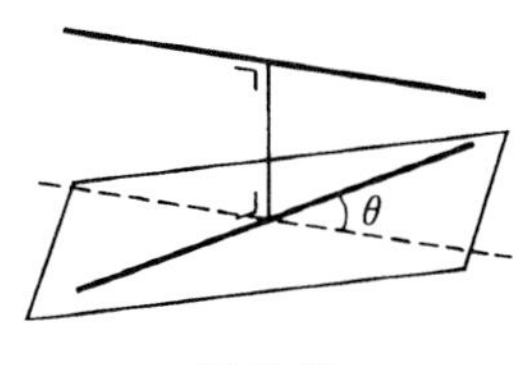

図2.22

あるとよばれる．このとき両者に交わって，しかも両者に直交する**共通垂線**が1本だけあり，それが両者の最短距離を与える(図2.22)．一般にねじれの位置にある2直線の間の**角**は，共通垂線に沿って一方を平行移動し，同一平面上に移したときの交角である．それが直角のとき**直交する**という．

空間幾何の基本的な諸性質は，Euclid の『原論』第11巻に体系的に展開されているが，かなり技巧的である．例えば平行な2直線は「同一平面上にあって交わらない2直線」と定義されるが，その推移性などの諸性質を示すためには，それが「互いに間隔が一定な空間内の2直線」と同値であるといった補助定理(必ずしも明示されていない)が不可欠である．

直交座標の導入には，互いに直交する3直線の存在が基本的である．そのためには**三垂線の定理**と総称される定理，「1直線が他の平面 α 上の相交わる2直線にともに直交すれば，α 上の任意の直線と直交する」などが必要である．

交わる2平面 α, β のなす図形を**二面角**という．その大きさは，α, β の交線に垂直な平面 γ が，α, β と交わる線の間の角として定義される(図2.23)．これは γ の位置によらず一定である．

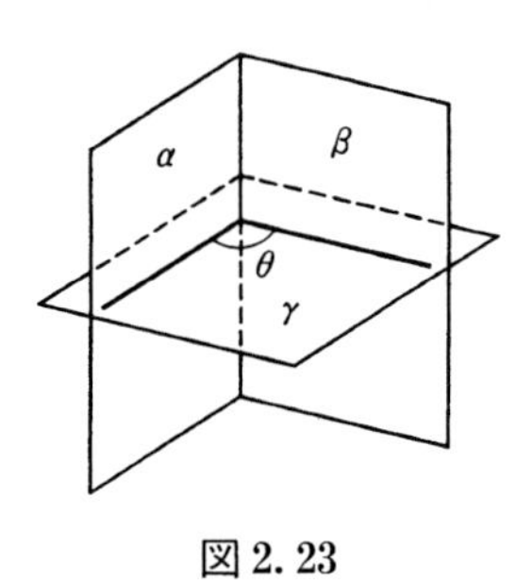

図2.23

同一点Pに会する三つ以上の平面のなす図形を**多面角**という．隣りどうしの二面角が互いに等しく，同一平面上にあるその交線がPにおいてなす角が互いに等しいとき，**正多面角**という．平面の正多角形の中心において，その平面に立てた垂線上の点Pから正多角形を射影すれば正多面角をえる．

多面角の全体の大きさは**立体角**として，すなわちPを中心とする単位球面上で，それの切り取る領域の面積で測る(§2.3(b)(2)参照)．

同一平面上にない4点を結ぶ図形を**ねじれ四辺形**という．その4点のうち2

点を順次結んでできる4辺の中点は同一平面上にあり，平行四辺形をなす．

空間で1定点から等距離にある点の集合は**球面**である．球面に関する反転法は平面と同様に定義され，球面の反転は球面(基準球の中心を通るときは平面)になる．しかし，2定点を一定角に見る点の集合は(定角が直角でないかぎり)球面ではない．

(2) 空間の座標

1点Oを通り，互いに直交する3直線OX, OY, OZの存在を仮定すれば，空間内の1点Pの**直交座標**は，Pを通って平面OYZ, OZX, OXY(これらを**座標平面**とよぶ)に平行な平面が**座標軸**OX, OY, OZと交わる点の，各軸上の座標(x, y, z)によって表わされる(図2.24)．これはPから座標平面OXY, OYZ, OZXに下ろした垂線の足の各平面上の座標が(x, y), (y, z), (z, x)に等しいと考えてもよい．

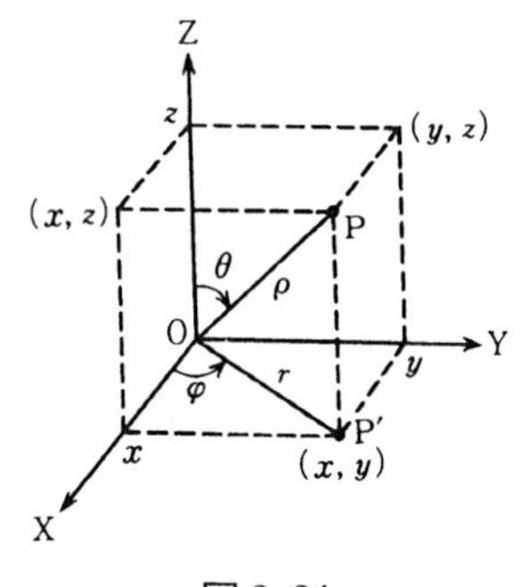

図2.24

3次元空間内の鏡像体(面対称な図形の対)は，4次元空間内の埋め込みを想定すれば反転できるが，3次元空間内では重ね合わせができない．そのために座標軸の向きが2通りできる．通例OXを南向き，OYを東向き，OZを上向きにとった**右手系**をとり，この鏡像体を**左手系**とする．通常の対象はどちらでも大差ないが，座標の反転で符号の変わる対象(擬ベクトル，ヤコビアンなど)では座標系の向きに注意を要する．これは多様体の向きづけの一例でもある．

直交座標以外によく使われるのは，XY平面の極座標(r, φ)とOZ方向の長さzを合わせた**円柱座標**，および，点Pに対し，原点Oからの距離ρ，正のZ軸からの角(**天頂角**または**極距離**)θ，平面OZPと正のOXZのなす二面角の

面角 φ (**方位角**)で表わす**極座標**(**球座標**ともいう)である．相互の変換公式は，下記の通りである(z, φ は共通)．

$$x = r\cos\varphi = \rho\sin\theta\cos\varphi, \quad y = r\sin\varphi = \rho\sin\theta\sin\varphi$$

$$r = \rho\sin\theta, \quad z = \rho\cos\theta$$

$$r = \sqrt{x^2+y^2}, \quad \rho = \sqrt{r^2+z^2} = \sqrt{x^2+y^2+z^2}$$

空間の**ベクトル**も平面ベクトルと同様に定義できるが，直交座標による成分が3個になる．**内積**は，ベクトル $\boldsymbol{u}, \boldsymbol{v}$ の**長さ**(ノルム)を $|\boldsymbol{u}|, |\boldsymbol{v}|$ とし，両者のなす角を α とすると，$\langle\boldsymbol{u}, \boldsymbol{v}\rangle = |\boldsymbol{u}||\boldsymbol{v}|\cos\alpha$ で定義される．両者の成分を $[u_i]$, $[v_i]$ $(i=1, 2, 3)$ とすれば，$\langle\boldsymbol{u}, \boldsymbol{v}\rangle = u_1v_1 + u_2v_2 + u_3v_3$ に等しい．

ベクトル $\boldsymbol{u}, \boldsymbol{v}$ の**外積**は，成分 $[u_i], [v_i]$ から行列式

$$\left(\begin{vmatrix} u_2 & u_3 \\ v_2 & v_3 \end{vmatrix}, \begin{vmatrix} u_3 & u_1 \\ v_3 & v_1 \end{vmatrix}, \begin{vmatrix} u_1 & u_2 \\ v_1 & v_2 \end{vmatrix}\right)$$

で作られる．これは数学的には2階テンソルであるが，3次元の場合には(その双対をとって)擬ベクトルとして扱うことが可能な対象である．

始点が同一である1次独立な3ベクトル $\boldsymbol{u}, \boldsymbol{v}, \boldsymbol{w}$ に対する1次結合 $\lambda\boldsymbol{u} + \mu\boldsymbol{v} + \nu\boldsymbol{w}$ は，$\lambda+\mu+\nu=1$ のときには，3ベクトルの終点 A, B, C のなす平面上の点で，(λ, μ, ν) は $\triangle$ABC に対する**重心座標**を表わす．終点が四面体 ABCD をなす4ベクトル $\boldsymbol{u}, \boldsymbol{v}, \boldsymbol{w}, \boldsymbol{t}$ に対する空間の**重心座標** $(\lambda, \mu, \nu, \kappa)$ $(\lambda+\mu+\nu+\kappa=1)$ も，平面の場合と同様に定義できる．

同次座標 (x_0, x_1, x_2, x_3) も平面の場合と同様に定義できる．直交曲面座標は複雑だが，楕円体座標以外は平面の直交曲線座標を回転した系か，またはそれにZ軸方向の高さを合わせた柱状座標として作られるものである．

(3) 四面体幾何

ある程度まで平面の三角形幾何(§2.1(b))と類似の理論が展開できるが，差異もある．例えば内心・傍心・外心・重心は同様に定義できる．しかし各頂点から対面へ下ろした垂線は，一般には互いに交わらず，垂心は存在しない．

4本の垂線が1点で交わるための必要十分条件は，次のいずれかである．

(i) 対辺が互いに直交する．

(ii) 頂点から対面への垂線の足がその面の垂心である．

(iii)　重心に対する1頂点の対称点が，他の3頂点から等距離にある．

垂心が存在するときには，外心・重心と同一線(空間のEuler線)上にあり，重心は外心と垂心の中点になる．

四面体の各辺の中点を結べば4個の小四面体ができ，中央は八面体になる(図2.25)．また四面体の4面が等面積ならば，それらは互いに合同だが，正四面体とは限らない．それは鋭角三角形をその各辺の中点を結ぶ線分で折ってできる図形である．ほかにも平面三角形の定理を，そのままの形で四面体に拡張できない性質が多い．

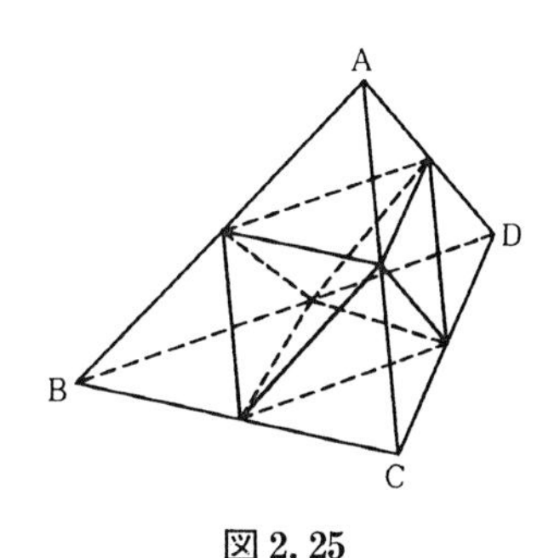

図 2.25

(b)　球面三角法

球面三角法は，位置天文学の実用上，平面三角法よりも古くから発達したが，近年では忘れられている．現在ではベクトルを活用して論じるのがよい．

(1)　基本公式

球面上の2点A, Bの最短線は，球の中心Oを通る平面OABによる切り口(**大円**)の短いほうの弧である．**球面三角形**ABCは大円の弧BC, CA, ABで囲まれた図形である(図2.26)．その辺は大円の中心角∠BOC, ∠COA, ∠AOBで計る．弧の実長 $a=\overset{\frown}{\mathrm{BC}}$, $b=\overset{\frown}{\mathrm{CA}}$, $c=\overset{\frown}{\mathrm{AB}}$ に対して，球の半径 R で割った値 a/R, b/R, c/R(ラジアン単位で表わした値)に相当するが，通常 $R=1$ と標準化して，実長と中心角を同一視する．三角形の内角Aは，そこで交わる二面角OABとOACの面角の大きさである．

定理 2.4 (正弦・余弦定理)　図2.27で，

$$\cos c = \cos a \cos b + \sin a \sin b \cos \mathrm{C} \tag{2.16}$$

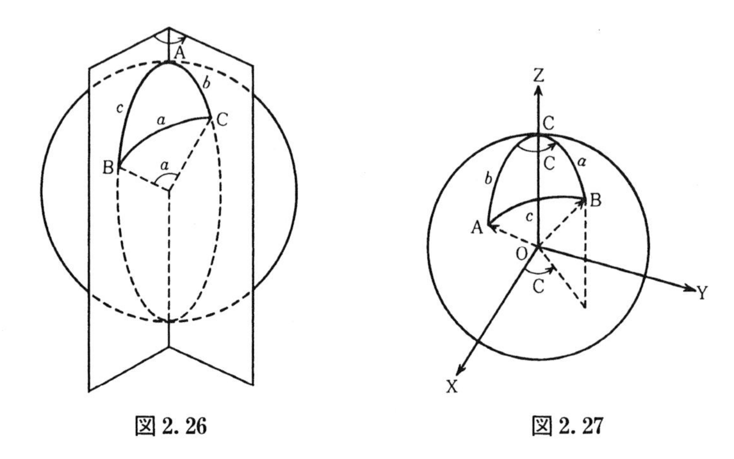

図 2.26　　図 2.27

［証明］　球(半径を1とする)を回転させて，頂点CをZ軸上におき，AをOXZ面上におくと，点A, Bは極座標で$(1, a, 0)$, $(1, b, \mathrm{C})$で表わされる．ベクトル$\overrightarrow{\mathrm{OA}}, \overrightarrow{\mathrm{OB}}$の内積は$\cos c$だが，それは直交座標の成分$(\sin a, 0, \cos a)$と$(\sin b\cos \mathrm{C}, \sin b\sin \mathrm{C}, \cos b)$の積の和として(2.16)でも表わされる．■

系 2.1

$$\cos \mathrm{C} = -\cos \mathrm{A}\cos \mathrm{B} + \sin \mathrm{A}\sin \mathrm{B}\cos c \qquad (2.17)$$

系 2.2（正弦定理）

$$\sin a : \sin \mathrm{A} = \sin b : \sin \mathrm{B} = \sin c : \sin \mathrm{C} \qquad (2.18)$$

［証明］　もとの球面三角形の**極三角形**，すなわち3辺を表わす大円の弧に対する極のなす三角形は，内角がa, b, cの補角，辺がA, B, Cの補角である．それに(2.16)を適用して符号を変えれば(2.17)をえる．次に(2.16)から

$$\sin^2\mathrm{C} = 1-\cos^2\mathrm{C} = \frac{1}{\sin^2 a\sin^2 b}[\sin^2 a\sin^2 b-(\cos c-\cos a\cos b)^2]$$

とすると，右辺の［　］内は，$\sin^2 a=1-\cos^2 a$と置き換えて

$$1-\cos^2 a-\cos^2 b-\cos^2 c+2\cos a\cos b\cos c = \varDelta\text{（とおく）} \qquad (2.19)$$

となる．したがって$\sin^2\mathrm{C}/\sin^2 c$は$a, b, c$に関して対称な式になり，(2.18)が成立する．■

球面三角法の公式は多数あるが，多くは対数計算に便利なような変形であり，上記の3公式が基本的である．(2.16), (2.17)ではa, b, cを巡回的にかえた公

式も成立する．辺 a を a/R などとして $R\to\infty$ とすれば，(2.16), (2.18) はそれぞれ平面三角形の第 2 余弦定理，正弦定理となり，(2.17) は

$$\cos \mathrm{C} = -\cos(\mathrm{A}+\mathrm{B}) \iff \mathrm{A}+\mathrm{B}+\mathrm{C} = 180^\circ$$

に帰着する．球面三角形では内角の和は 180° より大きく，3 内角 A, B, C によって 3 辺が決まることに注意する．なお (2.18) の比が外接円の直径に等しいという関係は（そう書いた公式集があったが）球面三角形では成立しない．例えば全球面の 1/8 に相当する**全直角三角形**（辺の長さも内角もすべて直角）では，(2.18) の比は 1 だが，外接円の半径 ρ は，中心と 2 頂点を結ぶ内角が 120°, 45°, 45° の三角形に (2.18) を適用して

$$\sin\rho/\sin 45^\circ = \sin 90^\circ/\sin 120^\circ, \quad \sin\rho = \sqrt{2}/\sqrt{3}, \quad \cos\rho = 1/\sqrt{3}$$

であり，$\rho=0.955317$（ラジアン）であって 1/2（ラジアン）ではない．

地球を周囲 4 万 km の球とみなせば，(2.16) によって緯度・経度の与えられた 2 地点間の（大円に沿ういわゆる大圏コースの）距離が計算できる．特に同じ緯度 δ で経度差が α の 2 地点間の距離は，地球の半径を R (=20000/π km) として

$$R\cos^{-1}(\sin^2\delta+\cos^2\delta\cos\alpha) \qquad \text{（角の単位はラジアン）} \qquad (2.20)$$

で与えられる．他方，等緯度に沿う航程線距離は

$$\alpha\cdot R\cos\delta \qquad \text{（角の単位はラジアン）} \qquad (2.21)$$

である．例えば東京-サンフランシスコ間で $\delta=35^\circ$, $\alpha=100^\circ$ とすると，両者はそれぞれ 8636.98 km, 9101.69 km であり，差は 460 km ほどである．

(2)　面積

球面三角形の**面積**は，内角の和が 180° を超える量（**角過剰**）に比例する．これは二つの大円で囲まれる**球面月形**の面積が交角に比例することから証明できる．特に単位球について，全表面積を 4π とする単位で測った球面図形の面積を，**ステラジアン**という．全直角三角形の面積は $4\pi/8=\pi/2$ ステラジアンだが，角過剰はラジアン単位で $\pi/2$ なので，このときにはラジアンで測った角過剰の数値が，そのままステラジアン単位の面積に等しい．通例，球面三角形の面積はこの形で，単位を明示せずに記述する．

例 2.9（1 平方度とステラジアンの関係）　1 平方度を 1 辺がすべて 1° の等角等辺四辺形 ABCD の面積とする（図 2.28）．その内角を $90^\circ+2\varepsilon$ とすると，そ

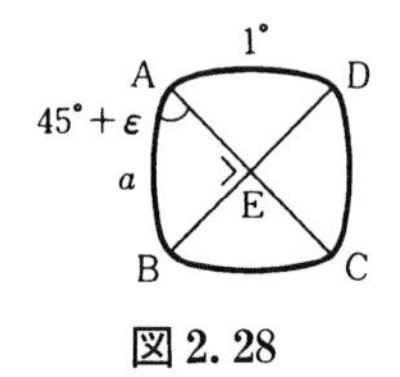

図 2.28

の面積は角過剰として 8ε (ラジアンで表わした値)となる．1辺を a (小さい量)とし，対角線 AC, BD の交点を E とすれば，ABE は内角が 90°, $45^\circ+\varepsilon$, $45^\circ+\varepsilon$ の球面三角形である．これに(2.17)を $c=a$, C=E として適用すると

$$\cos a = \frac{\cos^2(45^\circ+\varepsilon)}{\sin^2(45^\circ+\varepsilon)} = \frac{1}{\tan^2(45^\circ+\varepsilon)} = \frac{(1-\tan\varepsilon)^2}{(1+\tan\varepsilon)^2}$$

をえる．a, ε をラジアン単位として展開すると

$$\frac{a^2}{2}-\frac{a^4}{24}+\cdots = \frac{4\tan\varepsilon}{(1+\tan\varepsilon)^2} = 4(\tan\varepsilon-2\tan^2\varepsilon+\cdots)$$
$$= 4(\varepsilon-2\varepsilon^2+\cdots)$$

したがって第1近似として $\varepsilon=a^2/8$ でよいが，a^4 の項まで計算すると，$a^2/8+a^4/48$ であり

$$8\varepsilon = a^2+a^4/6+\cdots$$

である．$a=\pi/180$ (1° に相当)とすると(7桁の精度で)

$$8\varepsilon\ (1\,平方度) = 0.0003046328 \qquad (ステラジアン) \tag{2.22}$$

である．全周 4π ステラジアンは，この逆数の 4π 倍であって

$$41250.86\ 平方度 \tag{2.23}$$

となる．ただし，実用上は a^2 の項のみをとり，41252.96 平方度とすることが多い．

最後に，球面三角形の3辺から面積 S を計算する **Heron の公式**を示す．S をステラジアン，角をラジアンで表わせば $S=\mathrm{A}+\mathrm{B}+\mathrm{C}-\pi$ である．(2.16)によって $\cos\mathrm{C}$ を求め，(2.18)の証明に使った公式

$$\sin\mathrm{C} = \frac{\sqrt{\varDelta}}{\sin a\sin b} \qquad (\varDelta\ は式(2.19))$$

と併用して，加法定理を適用すると，最終的に次のように整理できる．

$$\cos S = 1 - \frac{1-\cos^2 a-\cos^2 b-\cos^2 c+2\cos a\cos b\cos c}{(1+\cos a)(1+\cos b)(1+\cos c)} \tag{2.24}$$

$$\sin S = \frac{\sqrt{\varDelta}(1+\cos a+\cos b+\cos c)}{(1+\cos a)(1+\cos b)(1+\cos c)} \tag{2.25}$$

ただし S の値は 0 から 4π まで動くので，大きな球面三角形では，S のどの値をとるべきか注意を要することがある．半径 R の球面上で，S を面積の実際の値として S/R^2 で置き換え，辺も a/R などで置き換えて $R\to\infty$ とすれば，公式(2.24)，(2.25)は平面三角形の Heron の公式(§2.1(b))となる．

(c)　正多面体

(1)　本来の正多面体

有限個の多角形で囲まれた空間図形が多面体である．そのうちで，各面が合同な正 p 角形であり，各頂点での多面角が合同な正 q 面角であるものを**正多面体**とよび，(p, q) で表わす(**Schläfli の記号**)．凸多面体であるための条件は，頂点での多面角をなす多角形の内角の和が 4 直角未満という性質からでも，

表 2.4　3 次元の正多面体

名　称	p	q	F	E	V	$\cos\varphi$	$\cos 2\varphi$	$\cos\chi=r/R$
正四面体	3	3	4	6	4	$1/\sqrt{3}$	$1/3$	$1/3$
正六面体	4	3	6	12	8	$1/\sqrt{2}$	0	$1/\sqrt{3}$ (正六面体・正八面体)
正八面体	3	4	8	12	6	$\sqrt{2/3}$	$-1/3$	
正二十面体	3	5	20	30	12	$\dfrac{\sqrt{5}+1}{2\sqrt{3}}$	$-\sqrt{5}/3$	$\dfrac{\sqrt{5+2\sqrt{5}}}{\sqrt{15}}$ (正二十面体・正十二面体)
正十二面体	5	3	12	30	20	$\dfrac{\sqrt{10+2\sqrt{5}}}{2\sqrt{5}}$ (正十二面体・星形小十二面体)	$-1/\sqrt{5}$	
星形小十二面体	5/2	5	12	30	12		$-1/\sqrt{5}$	$1/\sqrt{5}$ (星形小十二面体・大十二面体)
大十二面体	5	5/2	12	30	12	$\dfrac{\sqrt{10-2\sqrt{5}}}{2\sqrt{5}}$ (大十二面体・星形大十二面体)	$1/\sqrt{5}$	
星形大十二面体	5/2	3	12	30	20		$1/\sqrt{5}$	$\dfrac{\sqrt{5-2\sqrt{5}}}{\sqrt{15}}$ (星形大十二面体・大二十面体)
大二十面体	3	5/2	20	30	12	$\dfrac{\sqrt{5}-1}{2\sqrt{3}}$	$\sqrt{5}/3$	

$F=$ 面数，$E=$ 辺数，$V=$ 頂点数，R, r は外接・内接球の半径．大部分は $F+V=E+2$ だが，星形正多面体の 2 個は示性数 4 の曲面と同位相で，Euler の関係式が成立しない．

$\cos^{-1}(1/3)=70°31'43.606''$，$\cos^{-1}(-1/\sqrt{5})=116°33'54.184''$，

$\cos^{-1}(-\sqrt{5}/3)=138°11'22.866''$

(頂点数)＋(面数)＝(辺数)＋2 という **Euler の関係式**からでもえられる式

$$\frac{1}{p}+\frac{1}{q} > \frac{1}{2} \tag{2.26}$$

である．これを満たすものは表 2.4 の最初の 5 種の **Platon の多面体**しかない．なお Euclid『原論』が，5 種の正多面体の存在を目標に書かれたという通説は，現在では否定されている．

p, q が分数の場合に該当する星形正多面体は，**Kepler-Poinsot の多面体**の 4 種に限られる(表 2.4 の下)．その証明は Cauchy が 3 次元回転群の有限部分群である正多面体群を使って示したが，後年さらに，可能な (p, q) は $p_1, p_2, p_3 > 2$ であって，

$$\cos^2(\pi/p_1)+\cos^2(\pi/p_2)+\cos^2(\pi/p_3) = 1 \tag{2.27}$$

を満たす有理数のうちの 2 個を選んだ (p_i, p_j) に限ることが確かめられた．(2.27)を満たす有理数 (p_1, p_2, p_3) の組は

$$(3, 3, 4), \quad (3, 5, 5/2) \tag{2.28}$$

しかない(ただしその証明はやさしくない)．星形正多面体をも含めた 9 種の正多面体は，Platon の凸形 5 種と星形 4 種とに分けるより，(2.28)の前者に属する正準型 3 種と，後者に属する五角型 6 種とに分けるほうが合理的である．

正多面体に関する諸量は，全体の中心 O，1 面の中心 C，その 1 辺の中点 B，その一端の頂点 A を結ぶ**基本単体**から計算できる．O を中心とする単位球に

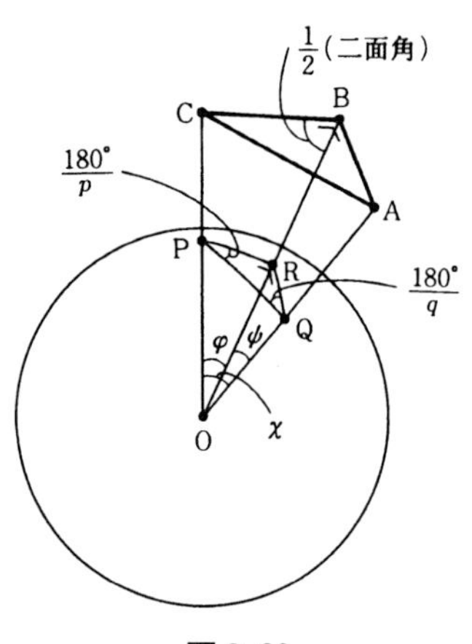

図 2.29

△ABC を射影した球面三角形 QRP を考察するとよい．中心角(辺長)を図 2.29 のようにおくと，$\angle P=180°/p$, $\angle Q=180°/q$, $\angle R=$ 直角なので，公式 (2.17) から次の関係をえる．

$$\cos\varphi=\frac{\cos Q}{\sin P},\quad \cos\chi=\frac{1}{\tan P\tan Q} \tag{2.29}$$

2φ の補角が $\angle OBC$ の 2 倍，すなわち相隣る面の間の二面角であり，$\cos\chi$ は内接球と外接球の半径の比 r/R に等しい．

球面三角形 PQR の面積は $(1/p+1/q-1/2)\pi$ ステラジアンであり，これで全周 4π を割れば基本単体の個数がえられる．星形正多面体 (3, 5/2), (5, 5/2) (および p, q を交換したその双対) については，120/7, 120/3 になるが，これは中心のまわりの各面の全立体角が 4π のそれぞれ 7 倍，3 倍であること，すなわち全球を 7 重，3 重に覆うことを意味する．

正多面体に関する諸量を表 2.4 にあわせて示した．ψ は辺の半分を中心から見る角であり，表に明示していないが，双対正多面体の φ に等しい．Platon の正多面体では，中心での角の和 $\varphi+\psi+\chi$ は 45° の整数倍であって，

$$\varphi+\psi+\chi=45°(10-p-q)$$

が成立する．これは三角関数の加法定理で計算しても導かれるが，対称面による表面の切り口の考察から，まとめて示すことができる．

(2)　準正多面体

準正多面体という語はときによっていろいろな意味に使われるが，通常は次の **Archimedes の立体**を指す．それは，面がすべて辺長の等しい 2 種以上の正多面体からなり，各頂点での多面角が合同であり，次の 2 種の無限系列を除いた立体である．

正角柱　上下の面が正多角形，側面が正方形の角柱

正反柱　上下が正多角形，側面が上下交互の正三角形

頂点に会する正多角形の辺数を並べると，この条件を満たす多面角は下記の 13 種に限られる．

[3, 6, 6], [3, 8, 8], [3, 10, 10], [4, 6, 6], [5, 6, 6],
[4, 6, 8], [4, 6, 10], [3, 4, 3, 4], [3, 5, 3, 5],
[3, 4, 4, 4], [3, 4, 5, 4], [3, 3, 3, 3, 4], [3, 3, 3, 3, 5]

しかし多面体そのものは [3, 4, 4, 4] に2種あり，最後の2個は非対称で右手系と左手系を区別すると合計16種になる．全部を解説する余裕はないが，最初の5種は，**端欠多面体族**である．すなわち，本来の正多面体 (p, q) の頂点付近をうまく切って，そこを正 q 角形とし，面を正 $2p$ 角形としてできる．

[4, 6, 6] は **Kelvin の立体**とよばれる空間充塡形である(図 2.30)．[5, 6, 6] はサッカーボールの形(厳密には各面を平面正多角形にした多面体; 図 2.31)であり，近年フラーレン(C_{60})の分子形として脚光をあびている．[3, 4, 3, 4] は正八面体または正六面体の辺の中心を結んでえられる**立方八面体**である(図 2.32)．

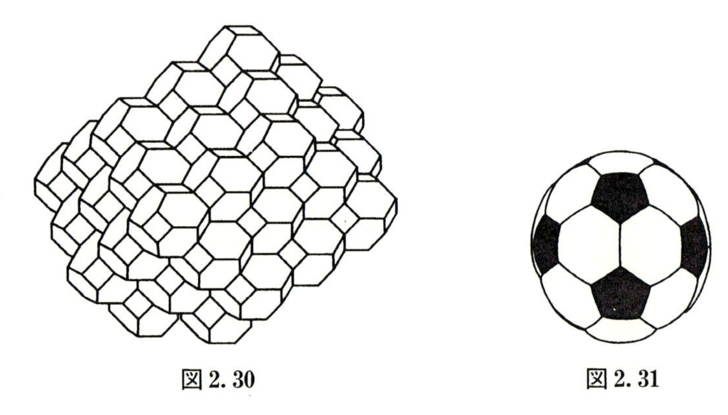

図 2.30 図 2.31

Archimedes の多面体は球に外接しないが，球に内接する．各頂点においてその外接球の中心を結ぶ直線に垂直な平面を作ると，それで囲まれた立体はもとの多面体の**双対多面体**である．これは合同な1種類だけの多角形(正多角形

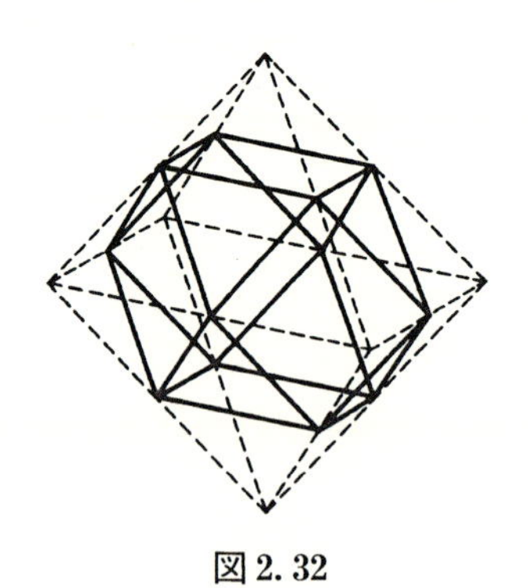

図 2.32

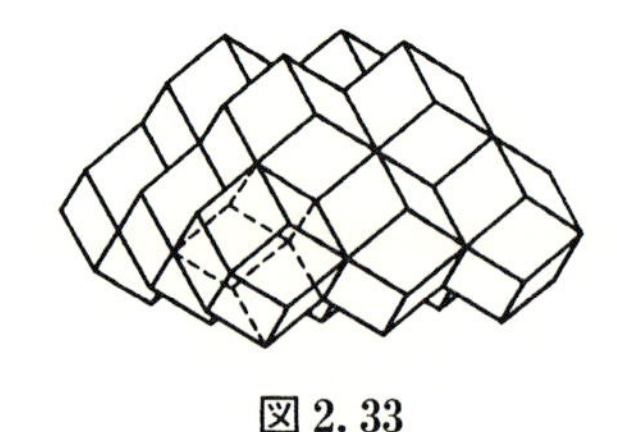

図 2.33

ではない)で囲まれる立体で，よく結晶形に現れる．特に立方八面体の双対は，対角線の長さの比が $\sqrt{2}:1$ である菱形 12 枚で囲まれる**菱形十二面体**(斜方十二面体)であり，これも空間充塡形である(図 2.33)．

演習問題

2.1 九点円の中心 Q は外心と垂心の中点で，その半径は外接円の半径の半分 $R/2$ である．IQ, I_1Q を計算し，九点円が内接円・傍接円に接すること(Feuerbach の定理)を確かめよ．

2.2 △ABC の各辺の中点 M_1, M_2, M_3 からその辺に垂線をたて，その上に点 D_1, D_2, D_3 を

$$\angle D_1BC = \angle D_1CB = \angle D_2CA = \angle D_2AC = \angle D_3BA = \angle D_3AB = \theta$$

ととる．ただし θ は定数で，点がその辺に対して対頂点と反対側のとき正，同じ側のとき負とする．このとき，AD_1, BD_2, CD_3 は同一点 P(θ) (**Kiepert 点**)で交わり，その重心座標が

$$1/(\cot A+\cot\theta):1/(\cot B+\cot\theta):1/(\cot C+\cot\theta)$$

で表わされることを証明せよ．

2.3 前問の点 P(θ) について，P(θ), P$(90°-\theta)$, 外心； P(θ), P$(\theta-90°)$, 九点円の中心； P(θ), P$(-\theta)$, **類似重心**(重心座標が $a^2:b^2:c^2$ の点)が，それぞれ同一直線上にあることを証明せよ．

2.4 問題 2.2 の点 P(θ) の，θ を動かしたときの軌跡が直角双曲線(**Kiepert 双曲線**)であることを示せ．ただし △ABC は二等辺三角形ではないとする．

付記 Kiepert 双曲線の中心は，P(60°) (Fermat 点)と P(−60°) (第 2 Fermat 点)の中点で，それらを結ぶ直線は，この双曲線に対し，Euler 線の共役直径である．

2.5 4 点 z_1, z_2, z_3, z_4 が同一円周上にあれば非調和比が実数であり，4 点がこの順に並んでいれば その値は正であることを確かめよ．($\arg\dfrac{z_2-z_1}{z_3-z_1}$ は向きをこめた $\angle z_3z_1z_2$ を表わす．これと円周角の性質を応用する．)

2.6 点 Q を円 O に関する点 P の反転とし，線分 PQ の垂直 2 等分線と円周との交点(の一つ)を U とすると，簡単な計算で $PU^2=0$ となる．したがって任意の点 P は円周上にある．この議論はどこに誤りがあるか．

2.7 例 2.6 の円の合併が $\{y>2,\ x\leqq 0\}\cup\{x^2+(y-1)^2>1,\ x>0,\ y>0\}$ である

ことを確かめよ.

2.8 正七角形の作図が，3次方程式に帰着されることを確かめよ.

2.9 式(2.24)，(2.25)を証明せよ.

2.10 四面体の各辺の中点を通って，相対する辺に垂直な平面を作ると，合計6枚の平面はすべて同一の点(Monge点)を通ることを証明せよ．またもし垂心が存在すれば，Monge点は垂心と一致することを確かめよ.

2.11 星形正多面体の各面を中心から見た立体角を求め，それらが全球を7重または3重に覆うことを確かめよ.

第3章

射影幾何学

本章は前章とは趣きを変えて，公理的構成を試みた．ただし記述を簡単にするために，平面幾何学に限定した．アフィン幾何学や非 Euclid 幾何学は，その部分幾何学という形で最後にまとめた．近年，数理計画法などで高次元の射影空間が用いられており，その準備としては，本章の記述は不十分かもしれないが，幾何学の公理系の例と，いわゆる総合幾何学的手法による射影幾何学の概要を解説した次第である．

§3.1 平面射影幾何学の公理的構成

第2章で述べたように，平面射影幾何学は Euclid 平面に無限遠直線を添加してえられるが，ここでは公理的な構成を示す．3次元の射影幾何学も同様にできるが，紙数の関係で省略する．

(a) 射影幾何学の公理

(1) 基本公理

記述法は，多種あるが，一つの標準的な方法をとる．無定義要素として，**点**(大文字)，**線**(直線；小文字)，**接する**という関係 $\mathrm{A} \in a$ を使う．習慣上，「点 A が線 a に**接する**」を，「点 A が線 a **上にある**」とか「線 a が点 A **を通る**」ともいう．同一線 a に接する複数の点を**共線**，同一点に接する複数の線を**共点**という．

公理 3.1 任意の 2 点にともに接する線が一つだけある. □

公理 3.2 任意の 2 線にともに接する点が一つだけある. □

2 点 A, B に接する線 p を, A, B を**結ぶ線**ともいい, AB で表わす. 2 線 a, b に接する点 P を, a, b の**交わる点**(**交点**)ともいい, $a\cdot b$ で表わす. 上の記述は対称性(双対性)を重視したものだが, どちらか一方を「少なくとも一つある」と修正しても, 唯一性が示され, 同値の記述になる.

公理 3.3 どの 3 点も共線でない 4 点が存在する. □

他にまだ 3 個の公理があるが, まず上述の公理のもとで論じる.

定理 3.1 (公理 3.3 の双対) どの 3 線も共点でない 4 線が存在する.

[証明] 公理 3.3 の 4 点を A, B, C, D とすると, 線 a=AB, b=AC, c=CD, d=BD はすべて相異なり, 公理 3.2 によってどの三つも共点でない. ■

共線でない 3 点(**頂点**とよぶ)と, その 2 個ずつを結ぶ線(**辺**とよぶ)からなる図形を**三角形**という. これは共点でない 3 線と 2 個ずつの交点からなるといってよい. 通例, 三角形はその 3 頂点で表現する.

どの 3 点も共線でない 4 点(**頂点**とよぶ) A, B, C, D と, その 2 個ずつを結ぶ合計 6 線(**辺**という)からなる図形を**完全四角形**という. AB と CD, AC と BD, AD と BC をそれぞれ**対辺**といい, 対辺にともに接する 3 点を**対角点**という. この双対として, **完全四辺形**, その辺と頂点, 対頂点, 対角線が定義される(図 3.1).

有限射影幾何学(後述)においては, 次の公理 3.4 を仮定しない場合もあるが, 通例の射影幾何学では, 順序の公理の一種として次の公理をおく.

公理 3.4 完全四角形の 3 個の対角点は共線でない. □

その 3 対角点のなす三角形を**対角三角形**という. 公理 3.4 から各線 [点] に接する点 [線] が少なくとも四つあることが示される.

定理 3.2 (公理 3.4 の双対) 完全四辺形の 3 個の対角線は共点でない(その 3 対角線のなす三角形を**対辺三角形**という).

[証明] 完全四辺形 $abcd$ について, 頂点を $a\cdot b$=E, $b\cdot c$=F, $c\cdot d$=G, $a\cdot d$=H, $b\cdot d$=J, $a\cdot c$=K とおく(図 3.2). 対角線 EG, FH, JK が共線で点 P に接すると仮定する. そのとき, 完全四角形 EFGH の 3 対角点は J, K, P であり, これらが共線となって公理 3.4 に反する. ■

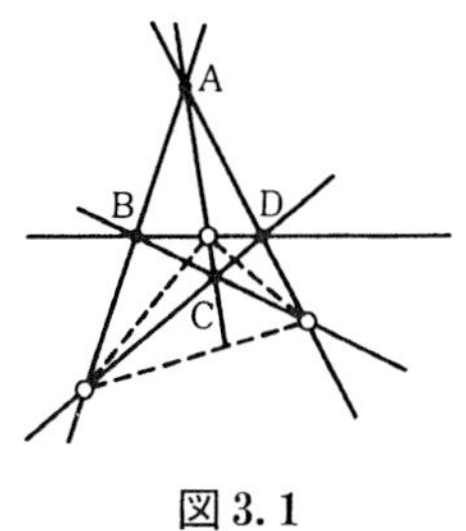

図 3.1

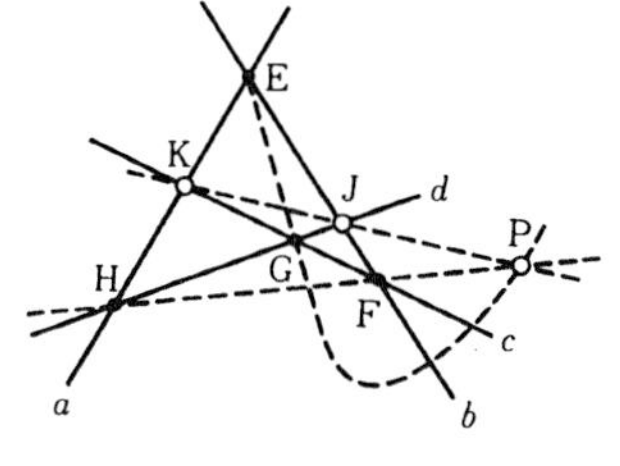

図 3.2

射影幾何学における定理はすべて，点を線，線を点と置き換えても正しい(**双対原理**)．それは，以下でも注意するように，公理の双対がすべて正しいためである．

以上の公理が無矛盾なことは，数の体系が無矛盾ならば，次のようなモデルが構成できることからわかる．すなわち，同次座標(§2.1(a))で説明したように，全部が0ではない数の三つ組 (x_0, x_1, x_2) に対し，0でない定数倍した組を同値として類別して点とし，同様の三つ組の同値類 $[a_0, a_1, a_2]$ を線とし，$a_0x_0+a_1x_1+a_2x_2=0$ のとき，点 (x_0, x_1, x_2) が線 $[a_0, a_1, a_2]$ に接するとする(後述の公理も満足される)．じっさいにこの**同次座標**が平面射影幾何の解析的(座標幾何的)な扱いであり，以下これを**解析的モデル**とよぶ．上述で「数」とは**実数**を念頭におくが，有限体とした場合には点，線が全体で有限個なので，**有限幾何学**とよばれる．

(2)　配景性

二つの三角形 ABC, A′B′C′ に対して，対応する3組の頂点を結ぶ線 AA′, BB′, CC′ が共点のとき**点配景的**といい，その共有点を**配景の中心**という．双対的に，対応する3組の辺 BC と B′C′, AC と A′C′, AB と A′B′ の交点 P, Q, R が共線のとき**線配景的**といい，その共通線を**配景の軸(台)**という．

公理 3.5 (Desargues の公理)　二つの三角形が点配景的ならば，線配景的である(このとき単に**配景的**とよぶ)．　□

3次元以上の射影幾何学では，公理3.5は前述の諸公理に該当する結合の公理群から自動的に証明できるので，通例 **Desargues の定理**とよばれる．しかし2次元では公理として仮定する必要がある．説明は略すが，じっさいにこれが成立しない**非 Desargues 幾何学**の例がある．

定理 3.3 (Desarguesの公理の双対，逆でもある)　二つの三角形が線配景的ならば，点配景的である．

［証明］　図3.3において，対応する3辺の交点P, Q, Rが共線であると仮定する．CC′とBB′の交点をOとする．三角形QCC′とRBB′とは，点Pを配景の中心として点配景的なので，公理3.5によって線配景的であり，その軸は線A′AOである．これはAA′, BB′, CC′が点Oを通り，共線であることを意味する． ∎

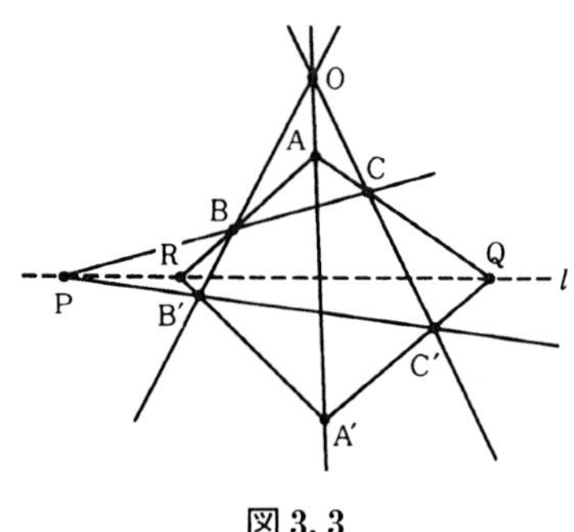

図 3.3

共線点の族を**点束**または**列点**といい，その線を**軸**(または**台**)とよぶ．双対的に共点線の族を**線束**といい，その点を**中心**とよぶ．(ここでいう**束**はpencilの古い訳語である．近年使われる順序集合のlatticeや，多様体論のbundleとは，日本語訳の同名異義語だが，本書の範囲ではまぎれることはないと思うので慣用に従う．)

共線の4点A, B, C, Dに対し，A, Bを対角点のうちの2個とする完全四角形EFGHがあり，A＝EF･GH, B＝FG･EHであって，E, G, C；F, H, Dが共線のとき，A, B, C, Dを**調和点束**(調和点列)といい，H(AB, CD)で表わす．このときH(BA, CD), H(AB, DC), H(BA, DC)でもある．CとDとをA, Bに対する**共役調和点**という．

定理 3.4　A, B, Cが共線の相異なる点のとき，A, Bに対するCの共役調和点Dは一意的に定まる．

［証明］　上記の関係をみたす完全四角形EFGHと，別のA, B, Cについて条件をみたす完全四角形E′F′G′H′があるとし，AB･F′H′＝D*とおく(図3.4)．

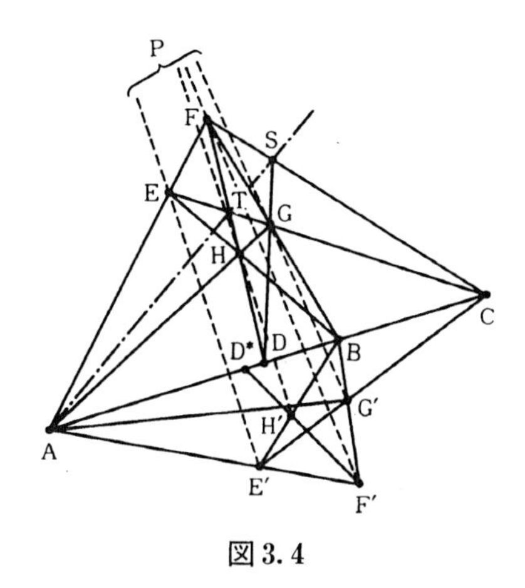

図 3.4

三角形 EFG, E′F′G′ は線 AB を配景軸とする線配景なので，点配景的であり，EE′, FF′, GG′ は共点(交点を P とする)である．同様に三角形 EGH, E′G′H′ も線配景的であり，HH′ も P を通る．ゆえに三角形 FHG, F′H′G′ は点配景的なので線配景的であり，FH・F′H′ は線 AB 上にあるから，D＝D* である． ∎

調和点束の双対概念を**調和線束**という．

定理 3.5　H(AB, CD) なら H(CD, AB) である．

［証明］ A, B, C, D に対して，条件をみたす完全四角形 EFGH を作る(図 3.4)．S＝DG・FC, T＝GE・FH とおくと，完全四角形 FSGT の 2 個の対角点は C, D であり，また F, G, B は共線である．三角形 THE と SGF とは AB を軸として線配景的なので，点配景的であり，S, T, A は共線である．これは H(CD, AB) を意味する． ∎

調和線束についても，これらと同様の関係が成立する．

§3.2(a)で 4 点の「非調和比」を考察し，H(AB, CD) は非調和比の値が -1 になることと同値であることを示す．

(b)　射影的対応

軸 p, p' 上の点束 {X}, {X′} [中心 Q, Q′ 上の線束 $\{u\}, \{u'\}$] の間に 1 対 1 対応があり，対応する点 X, X′ [線 u, u'] が点 [線] 配景的である，すなわち，両者にともに接する線 [点] がすべて**中心**とよばれる同一点 O [**軸**とよばれる同一線

v] に接するとき，両者を**配景的**といって，$\mathrm{X}\barwedge\mathrm{X}'$ [$u\barwedge u'$] で表わす．中心 [軸] を明示する必要があるときには，それを記号 $\barwedge$ の上に記す．

同様に，軸 p 上の点束 {X} と，中心 Q 上の線束 $\{u\}$ の間に 1 対 1 対応があり，つねに点 X が対応する線 u に接するとき，両者を**配景的**といって，$\mathrm{X}\barwedge u$ で表わす．

例 3.1　通常の Euclid 平面上で p, p' が平行であり，{X} を平行移動したものが {X′} ならば，両者は配景的である．対応点を結ぶ線 XX′ はすべて平行だが，これは共通の無限遠点(配景の中心) O を通ると解釈できるからである．同様に，p, p' が点 Q で交わり，Q を中心として {X} を回転させて {X′} をえたときも，XX′ はすべて平行なので配景的である(図 3.5)．　□

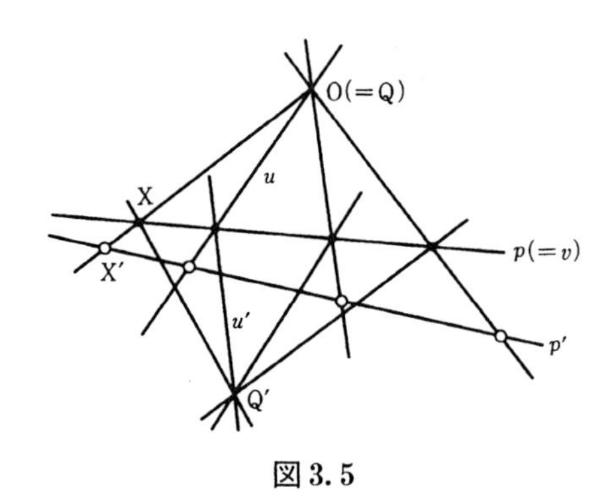

図 3.5

例 3.2　軸 p 上の点束 {X} に対し，p 上にない点 Q を定め，$u=\mathrm{QX}$ を X に対応させれば，$\mathrm{X}\barwedge u$ である．この $\{u\}$ を，中心 Q から点束 {X} を**射影**してえられる線束という．逆に，中心 Q の線束 $\{u\}$ に対し，Q を通らない軸 p を定めて，$\mathrm{X}=p\cdot u$ を u に対応させれば，$\mathrm{X}\barwedge u$ である．この {X} を，軸 p で線束 $\{u\}$ を**切断**して(双対的に「射影して」ともいう)えられる点束という．{X} と {X′} とが中心 O について配景的とは，{X} を O から射影した線束を，軸 p' で切断して {X′} を作ったことに相当する．　□

二つの点束または線束の間に 1 対 1 対応があり，一方から他方への写像が上述のような有限回の射影・切断の操作の合成で作られるとき，両者を**射影的**といい，その対応を**射影的対応**(一方から他方への変換と見るときには**射影変換**)という．これを $\barwedge$ の代わりに記号 $\wedge$ で表わす．関係 $\wedge$ は対称性，推移性を満足し，同値関係である．ここで最後の公理をおく（これは自己双対的である）．

公理 3.6　同じ中心［軸］上の2個の線束［点束］間に射影的対応があり，それが3個の要素を自分自身にうつすならば，じつは恒等変換（すべての要素が自分自身に対応）である．　□

解析的モデルがこれを満足することは後に示す．

例 3.3　Euclid 平面上の互いに合同な（重ね合わせることができる）点束［線束］は，§2.1(d)で解説したように，回転と平行移動の合成でうつりうるので，射影的である．相似（一定倍率の拡大・縮小で対応）のときも，一方を適当に合同変換でうつして，対応点を結ぶ線が相似中心を共有するようにできるので，射影的である．　□

定理 3.6　線 p, p' 上に3点 A, B, C ; A′, B′, C′ があるとき，A, B, C を A′, B′, C′ にうつす射影的対応が存在する．

［証明］　線 AA′ 上に両者以外の点 P をとり，A′ を通る p' と AA′ 以外の線 q をとる（図3.6）．A, B, C を P から射影し，q で切断して A′, B″, C″ とする．次に B′B″・C′C″＝Q とおく．A′, B″, C″ を Q から射影して p' で切断すれば A′, B′, C′ をえる．これは射影的対応である．　■

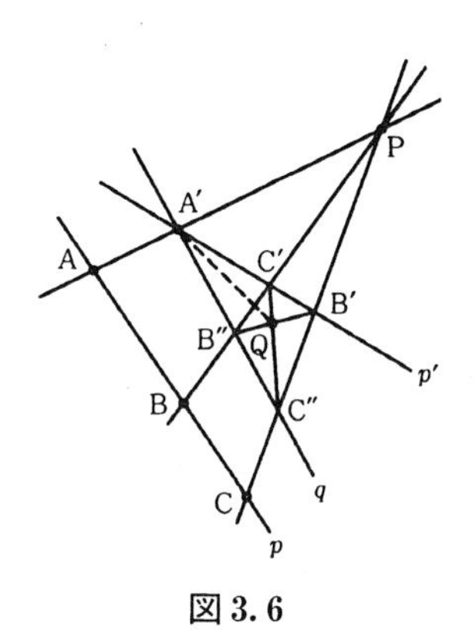

図 3.6

系 3.1　線束あるいは点束の間の射影的対応は，3対の対応要素によって一意的に定まる．

［略証］　A, B, C を A′, B′, C′ にうつす射影的対応 S を作る．他の射影的対応 T の逆と合成すれば，3点を自分自身にうつすので公理 3.6 により恒等変換

となり，$S=T$ である．線束は軸で切断して点束に直して扱えばよい．■

系 3.2　もし射影的対応において自分自身に対応する要素がある(例えば点束の軸の交点が自分自身に対応する)ならば，その対応は配景的であって，ただ1回の射影・切断で作られる．また一般に，任意の射影的対応は，最大3回の射影・切断で作られる．□

定理 3.7　調和点束は射影変換で不変である．

［証明］　$H(\mathrm{AB}, \mathrm{CD})$ のときに，中心Oから射影した線束 $\mathrm{OA}=a$, $\mathrm{OB}=b$, $\mathrm{OC}=c$, $\mathrm{OD}=d$ が調和線束であることを示せばよい．定理3.4により，ABCDに対する完全四角形は1頂点をOとするOEFGととることができる(図3.7)．このとき完全四辺形GF, GE, AE, ABをとると，2対の辺の交点を結ぶ線が a, b であり，c, d が2個の対角点と中心Oを結ぶ線なので，a, b, c, d は調和線束である．あとは双対性を利用して，これを反復すればよい．■

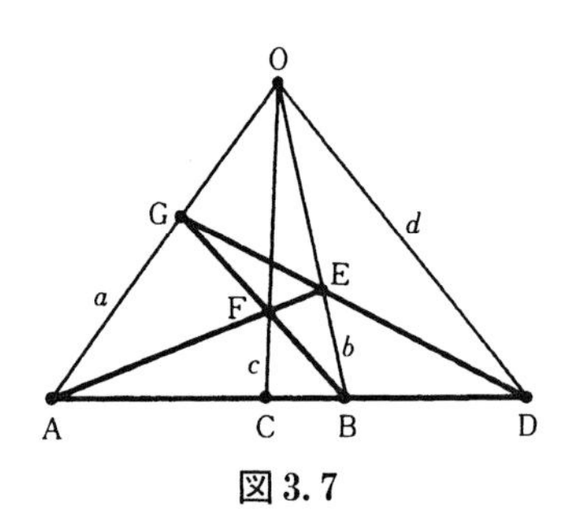

図 3.7

系 3.3　$H(\mathrm{AB}, \mathrm{CD})$，$H(\mathrm{A'B'}, \mathrm{C'D'})$ ならば，A, B, C, D をそれぞれ A′, B′, C′, D′ にうつす射影的対応が存在する．それによって定まる両者の軸間の射影変換は一意的である(公理3.6)．□

航空写真は(3次元的だが)，地上の平面上の点束を，レンズを中心として射影して，乾板で切断した射影変換とみなすことができる．一時期，レンズが傾いたために生じる写真の歪みを補正するのに，この種の定理が重視された時代があった(現在ではコンピュータによるデータ処理が主流である)．

(c)　2次曲線

Kleinは，相異なる中心Q, Q′をもつ，射影的だが配景的でない線束の，対応する線同士の交点の軌跡 Γ を **2 次曲線**と定義した(配景的だと二つの直線に退化する)．この定義に従うなら，**点的円錐曲線**(point conic)とよぶほうが適切だろう．この双対として，相異なる軸 p, p' をもつ，射影的だが配景的でない点束の，対応する点同士を結ぶ線の包絡線を **2 級曲線**(または**線的円錐曲線**)とよぶ．図形的には 2 級曲線は 2 次曲線と同じものであり，対応する点同士を結ぶ線は曲線と 1 点のみを共有するという意味での**接線**になる．

例 3.4　Euclid 平面上の**円**は，上記の意味で 2 次曲線である．なぜなら円上に 2 点 Q, Q′ をとるとき，円上の任意の点 X を Q, Q′ と結んでできる線束は，円周角一定の定理により，互いに合同である．したがって {X} は，射影的だが配景的でない線束の，対応する線同士の交点として作られる(図 3.8)．　□

古典的な**円錐曲線**は，円を正射影した円錐を平面で切断してえられる．円を上述のような形で(Klein の意味での) 2 次曲線とすると，他の円錐曲線は，円を与える線束を射影変換してえられる線束の対応する線同士の交点として作られ，すべて上記の意味での 2 次曲線である．

定理 3.8　2 次曲線を定義する線束の中心 Q, Q′ は，その 2 次曲線上にある．

［証明］　p=QQ′ とする．p を Q を中心とする線束の要素とみると，それに対応する Q′ を中心とする線束の要素 p' は p と異なる．もしも $p=p'$ なら，系 3.2(の双対)により，両線束は配景的になるからである．ゆえに Q は p, p' の交点として定まる．Q′ も同様である．　■

射影的対応は 3 要素で定まるから，2 次曲線は Q, Q′ と他の 3 点の合計 5 点で定まるはずである．じっさいどの 3 点も共線でない 5 点 P_1, P_2, P_3, P_4, P_5 が

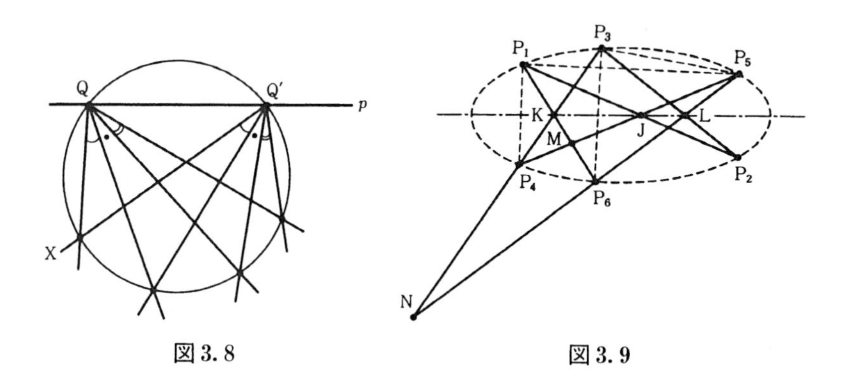

図 3.8　　図 3.9

あれば，P_1, P_2 を中心とし，線束 P_1P_3, P_1P_4, P_1P_5 と P_2P_3, P_2P_4, P_2P_5 との射影的対応を定めて，対応する交点から2次曲線を作ればよい．これが一意的なことは，下記の定理3.9から示される．

どの3点も共線でない6点 $P_1, P_2, P_3, P_4, P_5, P_6$ に対し，順次2点を結んだ線 P_1P_2, P_2P_3, P_3P_4, P_4P_5, P_5P_6, P_6P_1 を**六角形の辺**という．二つおきの点対 P_1 と P_4，P_2 と P_5，P_3 と P_6 を**対点**といい，それらを結ぶ辺 P_1P_2 と P_4P_5，P_2P_3 と P_5P_6，P_3P_4 と P_6P_1 を**対辺**とよぶ(図3.9)．

定理3.9　どの3点も共線でない5点 P_1, P_2, P_3, P_4, P_5 において，P_1, P_3 を中心とした線束から作った2次曲線上に P_6 をとると，六角形 $P_1P_2P_3P_4P_5P_6$ の3組の対辺同士の交点は共線である．

［証明］　$P_1P_i = u_i$，$P_3P_i = u_i'$ $(i=2, 4, 5, 6)$ として，$P_1P_2 \cdot P_4P_5 = J$，$P_1P_6 \cdot P_3P_4 = K$，$P_2P_3 \cdot P_5P_6 = L$ とおく．さらに $P_1P_6 \cdot P_4P_5 = M$，$P_3P_4 \cdot P_5P_6 = N$ とおく．このとき次のような射影的対応ができる．

$$P_4JMP_5 \barwedge u_4u_2u_6u_5 \wedge u_4'u_2'u_6'u_5' \barwedge NLP_6P_5$$

ゆえにこの両端は射影的だが，P_5 が共通なので系3.2により配景的である．これは P_4N, JL, MP_6 が共線すなわち $P_4N \cdot MP_6 = K$ が線 JL 上にあることを示す．　■

系3.4　2次曲線はその上の5点で一意的に定まる．

［略証］　P_1, P_2 を中心として前述のように2次曲線を作る．その上の任意の1点 X に対して，$P_1P_4P_2P_3P_5X$ に定理3.9を適用すると，$P_1P_4 \cdot P_3P_5$, $P_4P_2 \cdot P_5X$, $P_2P_3 \cdot XP_1$ は共線である．この六角形は $P_4P_2P_3P_5XP_1$ と同じで，X は P_4, P_3 を中心とする線束から作られる2次曲線上にある．同様に，X は5点中どの2点を中心とする線束から作られる2次曲線上にもある．　■

したがって，2次曲線はその上の任意の2点を中心とする線束から作られるとしてよい．ゆえに次の系3.5をえる．

系3.5 (Pascal の定理)　2次曲線に内接する六角形の3組の対辺同士の交点は共線である．　□

系3.5の双対,「2級曲線に外接する六角形の相対する頂点同士を結ぶ線は共点である」を **Brianchon の定理**という．

Pascal の定理を逆用して，5点からそれらを通る2次曲線上の点を任意の個数作図することができる(図3.10)．すなわち，5点A, B, C, D, Eに対して，AB·DE＝Jとおき，Eを通る任意の線pをとる．pとBCの交点をKとし，CD·JK＝L，ALとpの交点をFとすれば，Fが2次曲線上の点である．

また**接線**は，曲線上の2点A, Bが一致した極限とみなされるので，2次曲線上の1点Aにおける接線を作るには次のように作図すればよい．2次曲線上に4点C, D, E, Fをとり，AF·CD＝L，AC·EF＝K，DE·KL＝Jとすれば，AJが接線である(図3.11)．図3.11は内接六角形でA＝Bとなり，辺ABが接線になった極限である．2次曲線外の1点Pにおける接線は，図3.11において，逆にJ＝Pとして，E, D, F, C, L, Kを作り，KC·FL＝Aと作図すればよい．

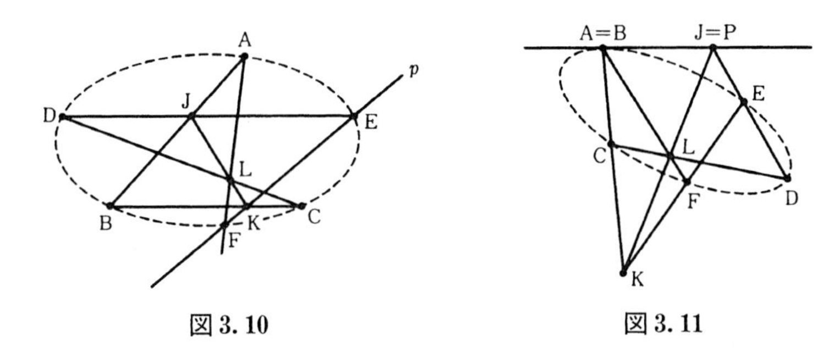

図3.10　　**図3.11**

2次曲線を，その上の2点A, Bを中心とする射影的線束の，対応する線同士の交点の軌跡としたとき，線ABをBを中心とする線束の要素として，それに対応するAを中心とする線pをとると，pはA以外に2次曲線と共有点をもたず，Aでの**接線**であること，およびAでの接線はそれ以外にないことが(定理3.8の証明と同様に)証明できる．

2次曲線Γに対し，点PからΓに引いた接線(一般に2本ある)の，Γとの共有点を結ぶ線pを，**極点**Pの**極線**という．逆に，線pとΓとの交点(一般に2個)における接線の交点Pを，**極線**pに対する**極点**という．ただしこの作図では，接線が「虚」になることがある．その詳細は解析的モデルにより§3.2(b)で扱う．

中心Oを共有する二つの射影的な線束があり，Oを通る2次曲線Γ(例えば円)が与えられているとき，自分自身に対応する**2重線**を求めるのを**Steiner**

の作図問題という．これは第1の線束の線とΓとの交点3個A, B, Cと，それらに対応する第2の線束の線とΓとの交点L, M, Nを求め，AM·BL＝P, BN·CM＝Qを結ぶ線とΓとの交点R, Sを求めれば，OR, OSがその解である(図3.12)．

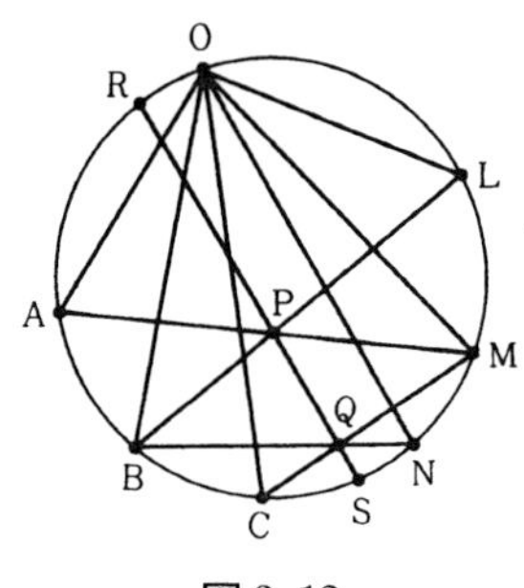

図3.12

§2.2(b)に挙げたCramer-Castillonの作図問題(例2.8)は，円周Γ(一般に2次曲線)上に任意の点A′をとって，A′ZとΓの交点B′, B′XとΓの交点C′, C′YとΓの交点A″を求めれば，A′→A″は射影的対応であり，Γ上の1点Oから射影した線束{OA′}と{OA″}とは射影的に対応する(図2.20)．したがってSteinerの作図問題により，自分自身に対応するOAを求めれば，それが所要の解である．これは一種の試行錯誤法(モデル構成法)とみなされる．この鮮やかな解はd'Ottaianoによる．彼はさらに同様の方法で，与えられた円に外接し，3頂点がそれぞれ与えられた3直線上にある三角形を作図する問題を解いている．

§3.2 射影幾何学の解析的モデル

(a) 射影変換の表現行列と非調和比

第1章(3)で略述したように，§3.1の射影幾何学の公理的展開をさらに進めると，線上の点の集合{P}に，3個の基準点$0, 1, \infty$を定めたとき，加法・乗法の演算が定義できる．これを**Staudt代数**という．線上に点が無限個あれば，必然的にすべての有理数に対応する点が定まる．それに連続性の公理を加えれば実数に対応する．∞をも含めるなら，**同次座標**($(0,0)$以外の(α,β)に対し，

0 でない定数倍を同値とする)を使えばよい．

そのような事実を念頭において，以下では実数上の解析的モデルを扱い，公理 3.4, 3.6 が成立することを示す．

3 点 X(x_0, x_1, x_2), Y(y_0, y_1, y_2), Z(z_0, z_1, z_2) が共線となる条件は，

$$\begin{vmatrix} x_0 & x_1 & x_2 \\ y_0 & y_1 & y_2 \\ z_0 & z_1 & z_2 \end{vmatrix} = 0 \tag{3.1}$$

である．相異なる 2 定点 P(p_0, p_1, p_2), Q(q_0, q_1, q_2) に対し，これらと共線の点 X(x_0, x_1, x_2) は，(3.1)の形の行列式が 0 で表わされる．これを展開すれば，実定数 α, β ($\alpha=\beta=0$ ではない)により

$$x_i = \alpha p_i + \beta q_i \qquad (i = 0, 1, 2) \tag{3.2}$$

と表わされる．x_i を定めれば α, β は一意的に定まるが，0 でない定数倍は同じ点を表わす．(α, β) を，**基準点** P, Q に対する線上の**同次座標**という．X$\neq$P ならば $\beta\neq 0$ なので，$(\alpha/\beta, 1)$ をとる(第 2 成分を 1 とする)ことができる．

同様に，線束において，**基準線** $u[u_0, u_1, u_2]$, $v[v_0, v_1, v_2]$ に対する**同次座標** (λ, μ) を，共点の $w[w_0, w_1, w_2]$ に対して

$$w_i = \lambda u_i + \mu v_i \qquad (i = 0, 1, 2) \tag{3.3}$$

の形で定義できる．

定理 3.10　二つの点束または線束について，それぞれ基準点または基準線を定めて同次座標 (α, β), (λ, μ) で表わす．もし両者の間に射影的対応があれば，定数 $s\neq 0$ と 2 次の正則(可逆)行列 A により，両座標は関係式

$$s\begin{pmatrix} \lambda \\ \mu \end{pmatrix} = A\begin{pmatrix} \alpha \\ \beta \end{pmatrix}, \quad A = \begin{pmatrix} a & b \\ c & d \end{pmatrix}, \quad ad-bc \neq 0 \tag{3.4}$$

で結ばれる．A を基準要素に対する射影的対応の**表現行列**という．逆に(3.4)による対応は，射影的対応である．

［略証］　(α, β) を(3.2)，(λ, μ) を(3.3)で表わされた配景的な点束と線束の同次座標とした場合を示せば十分である．配景性の条件は $w\cdot \mathrm{X}=0$，すなわち成分同士の積の和

$$[\lambda u_0+\mu v_0,\ \lambda u_1+\mu v_1,\ \lambda u_2+\mu v_2]\cdot(\alpha p_0+\beta q_0,\ \alpha p_1+\beta q_1,\ \alpha p_2+\beta q_2) = 0 \tag{3.5}$$

で表わされる．これを展開して次のようにおく(和は $i=0,1,2$)．

$$a = -\sum p_i v_i, \quad b = -\sum q_i v_i, \quad c = \sum p_i u_i, \quad d = \sum q_i u_i$$

対応が1対1であることから $ad-bc \neq 0$ である．すると(3.5)は

$$\lambda : \mu = (a\alpha + b\beta) : (c\alpha + d\beta)$$

となり，これは(3.4)を意味する．逆は単位ベクトルに対する(3.4)が，射影的対応を表わすことを直接に確かめればよい． ▮

同一軸上の点束［中心上の線束］の間の射影的対応で，自分自身に対応する不動要素は，行列 A の固有ベクトルで表わされる．その個数(実数要素)は，判別式

$$(a-d)^2 + 4bc \tag{3.6}$$

が，正，0，負に応じて，2, 1, 0個である．それぞれについて，**双曲的，放物的，楕円的**とよぶ．

ところで，射影平面は3次元空間 $\mathbf{R}^3$ から $(0,0,0)$ を除いた点を，0でない定数倍の点を同値として分類した商空間 V だが，これには $\mathbf{R}^3$ から自然に加法と定数倍のベクトル演算が導入されて，ベクトル空間になる．この V の自分自身への1対1線型変換を**共線変換**(collineation)という．それは点を $\mathbf{R}^3$ の縦ベクトル $\boldsymbol{x}$ で表わすと，3次正則行列 B により

$$s\boldsymbol{x}' = B\boldsymbol{x} \qquad (s \neq 0)$$

の形で表わされる．共線の点は共線にうつり，線 $u[u_0, u_1, u_2]$ は，それを3次元横ベクトル $\boldsymbol{u}$ で表わすと，次の変換を受ける．

$$k\boldsymbol{u}' = \boldsymbol{u}B^{-1} \qquad (k \neq 0)$$

公理3.4の成立を示すには，完全四角形の4頂点を X(1, 0, 0)，Y(0, 1, 0)，Z(0, 0, 1)，U(1, 1, 1) にとると，XY・UZ=A(1, 1, 0)，XZ・UY=B(1, 0, 1)，UX・ZY=C(0, 1, 1) である(図3.13)ことをみればよい．この行列式の値は -2 $(\neq 0)$ であって，対角点 A, B, C は共線でない．

有限幾何学でも，基礎体の標数(岩波講座応用数学『基礎代数』参照)が2でなければ，同様に公理3.4が成立する．Desarguesの公理3.5も同様の計算で確かめられる(演習問題3.1)．

同一軸上の点束［中心上の線束］に対し，基準要素を定めて4点 A, B, C, D の同次座標を (α, α'), (β, β'), (γ, γ'), (δ, δ') とする．このとき行列式の比

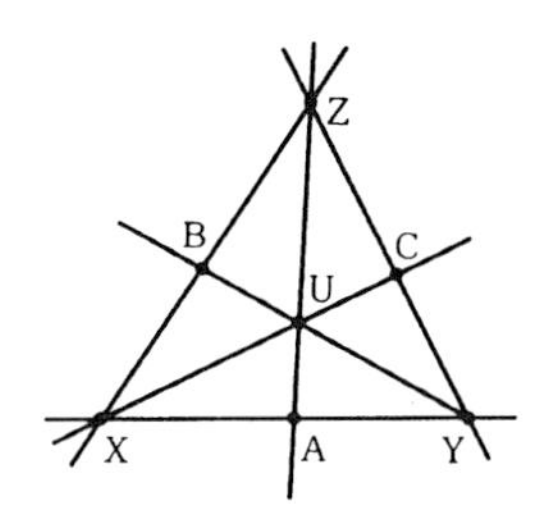

図 3.13

$$R(\mathrm{A},\mathrm{B};\mathrm{C},\mathrm{D})=\frac{\begin{vmatrix}\gamma & \alpha\\ \gamma' & \alpha'\end{vmatrix}}{\begin{vmatrix}\gamma & \beta\\ \gamma' & \beta'\end{vmatrix}}\Bigg/\frac{\begin{vmatrix}\delta & \alpha\\ \delta' & \alpha'\end{vmatrix}}{\begin{vmatrix}\delta & \beta\\ \delta' & \beta'\end{vmatrix}} \tag{3.7}$$

を 4 点の**非調和比**(**複比**，**交叉比**などとも)という．もしこれらの点がどれも第 1 基準点でなければ，同次座標の第 2 成分を 1 としてよいので

$$R(\mathrm{A},\mathrm{B};\mathrm{C},\mathrm{D})=\frac{\gamma-\alpha}{\gamma-\beta}\Big/\frac{\delta-\alpha}{\delta-\beta} \tag{3.8}$$

としてよい．実軸上の点や複素数平面上の点では，(3.8)の形が標準的である(§2.1(c)参照)．さて，定義により，

$$\begin{aligned}R(\mathrm{A},\mathrm{B};\mathrm{C},\mathrm{D})&=R(\mathrm{B},\mathrm{A};\mathrm{D},\mathrm{C})\\&=R(\mathrm{C},\mathrm{D};\mathrm{A},\mathrm{B})=R(\mathrm{D},\mathrm{C};\mathrm{B},\mathrm{A})\end{aligned}$$

である．$r=R(\mathrm{A},\mathrm{B};\mathrm{C},\mathrm{D})$ においてA, B, C, D をいれかえると，その値は r, $1/r$, $1-r$, $(r-1)/r$, $r/(r-1)$, $1/(1-r)$ の 6 個のいずれかになる．ゆえに 4 点が相異なれば，$r\neq 0$, $r\neq 1$ である．また定理 3.10 から，射影的対応によって非調和比は不変なことが計算できる．このことと，非調和比が 3 点 A, B, C を定めれば 4 点めの D の座標として 1 対 1 に対応することから，公理 3.6 が確かめられる．

定理 3.11　共線の 4 点 A, B, C, D が調和点束であるための条件は，$R(\mathrm{A},\mathrm{B};\mathrm{C},\mathrm{D})=-1$ であることである．

［証明］　$H(\mathrm{AB},\mathrm{CD})$ なら，$H(\mathrm{AB},\mathrm{DC})$ でもあり，定理 3.4 で共役調和点が一意的に定まるから $\mathrm{ABCD}\wedge\mathrm{ABDC}$ である．ゆえに $r=R(\mathrm{A},\mathrm{B};\mathrm{C},\mathrm{D})$ は $r=1/r$ を満たすが，$r=1$ ではありえないので，$r=-1$ である．逆に $r=-1$ なら，$H(\mathrm{AB},\mathrm{CD'})$ である点 D' をとると，$R(\mathrm{A},\mathrm{B};\mathrm{C},\mathrm{D})=R(\mathrm{A},\mathrm{B};\mathrm{C},\mathrm{D'})$

$=-1$ であり，C の共役調和点として $\mathrm{D}=\mathrm{D}'$ である． ■

(b) 相反変換と極変換

射影平面を前項のようにベクトル空間 V とみなしたとき，その点を線にうつす1対1の線形変換を**相反変換**(correlation)という．それは共線の点束を共点の線束にうつす．それによって線を点にうつす変換が作られる．同次座標により，点を縦ベクトル $\boldsymbol{x}$, 線を横ベクトル $\boldsymbol{u}$ で表わし，転置を $\boldsymbol{u}^{\mathrm{T}}$ のように表わせば，相反変換は，

$$s\boldsymbol{u}^{\mathrm{T}} = A\boldsymbol{x} \qquad (s \neq 0) \tag{3.9}$$

を満たす3次正則行列(**表現行列**という) A で表わされる．(3.9)からきまる線を点にうつす変換は，

$$k\boldsymbol{x}^{\mathrm{T}} = \boldsymbol{u}A^{-1} \qquad (k \neq 0) \tag{3.10}$$

で与えられる．相反変換により点束はそれと射影的対応をする線束にうつり，非調和比は不変である．特に調和点束は調和線束にうつる．以下しばしば点，線の記号をそのままベクトルの記号に使う．

(3.9)を使うと，どの3点も共線でない4点 A, B, C, D を，どの3線も共点でない4線 a, b, c, d にそれぞれうつす相反変換がただ一つ存在する．

表現行列 C が**対称**な相反変換を，**極変換**(極関係，polarity)という．このとき点に対する線を**極線**，線に対する点を**極点**という．特に対応する線［点］に接する点［線］を(その極変換について)**自己共役**という．

定理 3.12 点 P が他の点 Q の極線上にあることと，Q が P の極線上にあることとは同値であり，その条件は，P, Q を縦ベクトルで表わしたとき，$\mathrm{Q}^{\mathrm{T}}C\mathrm{P}=0$ である．

［証明］ P, Q の極線を p, q とすると $sq^{\mathrm{T}}=C\mathrm{Q}$, $rp^{\mathrm{T}}=C\mathrm{P}$ $(r \neq 0, s \neq 0)$ である．P が q 上にある条件は，$q\cdot\mathrm{P}=0$，すなわち $\mathrm{Q}^{\mathrm{T}}C^{\mathrm{T}}\mathrm{P}=0$ だが，C が**対称**なので $\mathrm{Q}^{\mathrm{T}}C\mathrm{P}=0$ である．これは転置して $\mathrm{P}^{\mathrm{T}}C\mathrm{Q}=0$ と同値であり，それは Q が p 上にあることを意味する．P, Q を交換すれば逆も正しい． ■

系 3.6 自己共役な点 X は，$\mathrm{X}^{\mathrm{T}}C\mathrm{X}=0$ で表わされる． □

系3.6の条件は，X の成分に関する**同次2次方程式**である．$\mathrm{Q}^{\mathrm{T}}C\mathrm{P}=0$ は，2次形式 $\mathrm{X}^{\mathrm{T}}C\mathrm{X}$ の右側の X に P を代入すれば，P の極線を Q に関して表わす方

程式である．

定理 3.13　極変換による自己共役な点集合 Γ が空でなければ，それは Klein の意味での 2 次曲線(点円錐曲線)である．双対的に自己共役な線の包絡線は 2 級曲線(線円錐曲線)である．

［略証］　$\Gamma \neq \emptyset$ なので，その上の 1 点 X の極線上の他の点 Y をとると，Y の極線は Γ と 2 点 Z, U で交わり，Γ 上には相異なる少なくとも 3 点が存在する(図 3.14)．それらを改めて X(0, 1, 0), Z(1, 0, 0), U(1, 1, 1) とする．X, Z の極線の交点を Y(0, 0, 1) とする．X を中心とする線束のうちで，XY[1, 0, 0] と XZ[0, 0, 1] ([ ] は線の同次座標)を基準線にとり，これらと XU[−1, 0, 1] (同次座標 (−1, 1))を，それぞれ Z を中心とする線束のうち ZX[0, 0, 1], ZY[0, 1, 0], ZU[0, 1, −1] (同次座標 (−1, 1))に対応させる射影的対応を作る．XZ が自分自身にうつらないから，これは配景的ではない．上記の対応のうち最初の 2 個の対応から，これを表わす行列 A は対角行列であり，XU(−1, 1) を ZU(−1, 1) にうつすから単位行列 I である．ゆえに同じ同次座標をもつ線同士が対応する．

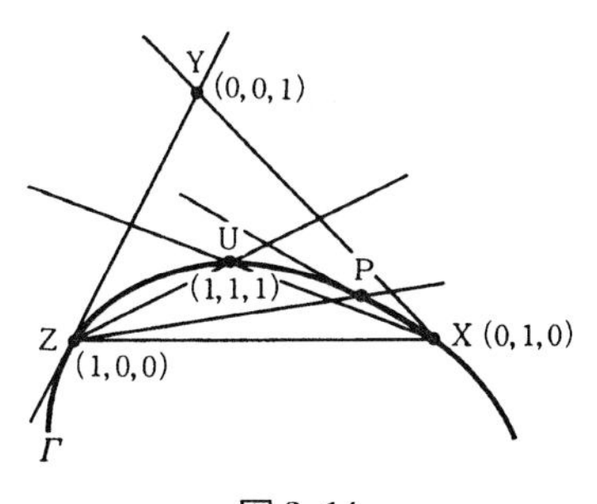

図 3.14

極変換を表わす行列 C は，上記の対応からその成分が

$$c_{00} = c_{11} = c_{20} = c_{21} = 0$$

$$c_{02} = c_{12} = 0 \qquad (\text{対称性から})$$

$$c_{01} = c_{10} \neq 0, \qquad c_{01} + c_{10} + c_{22} = 0$$

をみたす．したがって 2 次形式 $\mathrm{X}^{\mathrm{T}}C\mathrm{X}$ は $x_2{}^2 - x_0x_1$ と標準化できる．

Γ 上の点 $\mathrm{P}(x_0, x_1, x_2)$ は，$x_2{}^2 = x_0x_1$ を満たす．XP の線座標は $[x_2, 0, -x_0]$，同次座標は $(x_2, -x_0)$ であり，これが Z を中心とする線束のうち同じ同次座標

の線 $[0, -x_0, x_2]$ にうつる．両者の交線の座標は $(x_0{}^2, x_2{}^2, x_0x_2)$ だが，$x_2{}^2=x_0x_1$ なので，これは $x_0(x_0, x_1, x_2)$ に等しく，もとの点 P そのものである．逆に両線束のうち対応する線同士の交点 (x_0, x_1, x_2) は，つねに $x_2{}^2=x_0x_1$ を満たして，Γ 上にある． ∎

対称行列 C は対角化でき，その符号定数が一定なので(参考書[26]参照)，Γ を表わす 2 次形式は

$$x_1{}^2+x_2{}^2-x_0{}^2=0 \quad \text{または} \quad x_1{}^2+x_2{}^2+x_0{}^2=0 \qquad (3.11)$$

と標準化できる($x_2{}^2-x_0x_1=0$ は前者と同値である)．(3.11)の前者は実(空でない)，後者は虚の 2 次曲線を表わす．

逆に，極変換は，それによる自己共役な点集合のなす 2 次曲線 Γ に対する(55 ページで述べた意味での)極点と極線の関係で作られる．P が Γ 上にあるときには，P の極線は，P における Γ の接線である．

極線の作図は，P から Γ への実の接線があれば，2 本の接線の接点を結べばよい(図 3.15 の下の部分)．実の接線がないときには，定理 3.12 により，P を通る Γ と交わる線 QPR(交点を Q, R とする)を引き，Q, R での Γ の接線の交点 S をとると，S は P の極線上にあるから，この作図を 2 本の線について行なって，S 同士を結ぶ線 p を作ればよい(図 3.15 の上の部分)．また QQ′, RR′ および QR′, Q′R の交点も p 上にあるから，接線を引かずにこれらの交点を結ん

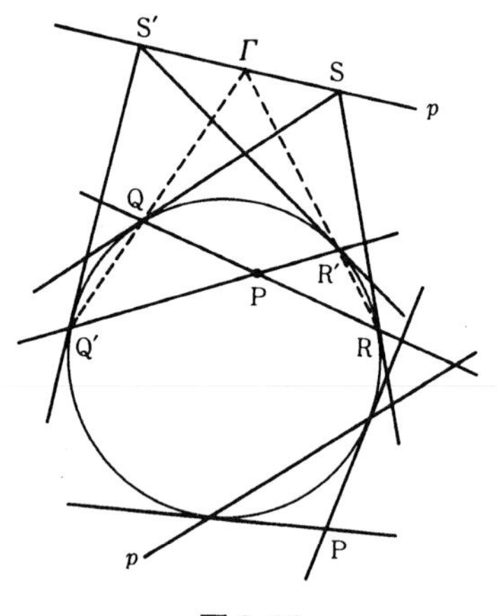

図 3.15

でもよい．Pが「外部」にあるときにも，Pを通る2直線PAB, PCDを作り，A, B, C, DがΓ上にあるとして，この完全四角形の他の2対角点を結ぶ線を作れば，それがPの極線である．

§3.3 射影幾何学の部分幾何

第1章で述べたように，射影幾何中に不変図形を導入することにより，各種の「部分幾何」が考えられる．

(a) アフィン幾何学

(1) 本来のアフィン幾何

アフィン(affine，英語の発音はアファイン)とは，類似・親類の意味であり，affine geometryは**擬似幾何**と訳されている．亜真幾何という音訳もあった．歴史的には，合同変換(Euclid幾何)を拡張した相似変換(共形幾何)をさらに一般化した，1対1の線形変換による幾何学である．それは解析的には正則行列で表わされる．平面上の同次座標でいえば，変換行列が

$$\begin{pmatrix} 1 & 0 & 0 \\ a_{10} & a_{11} & a_{12} \\ a_{20} & a_{21} & a_{22} \end{pmatrix} \tag{3.12}$$

の形の変換である．これは射影幾何学において1直線($x_0=0$に相当する**無限遠直線**)を不変にする変換のみを考えた幾何学に相当する．

交点が無限遠直線(その不変の直線)上にある2直線を**平行**とよぶ．また同一直線上の3点A, B, Cに対し，非調和比R(A, B ; C, ∞)を**線分比**AC : BC(またはAC/BC)という．これはEuclid幾何学の場合には，有向線分ACとBCとの値の比なので，通常の幾何学の用例とは逆に，比の値が負のとき内分，正のとき外分になる．特にこの比が-1のとき，CをA, Bの**中点**という．

配景性によって非調和比が変わらないという性質を，無限遠直線に適用すると(図3.16)，**平行線**によって**線分比が不変**であるという重要な結果をえる．これは相似形(Euclid『原論』第6巻)の基本定理である．これを使うと次の定理が証明できる．

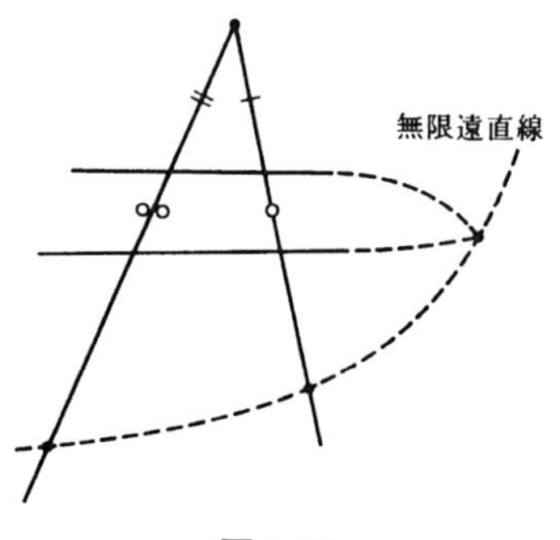

図 3.16

定理 3.14 (Menelaos の定理)　三角形 ABC の辺または延長線上の 3 点 P, Q, R が共線の条件は

$$\frac{AR}{BR}\cdot\frac{CQ}{AQ}\cdot\frac{BP}{CP} = +1 \tag{3.13}$$

［略証］ C を通って PQR に平行な線を引き，AB との交点を S とすれば，AQ : CQ＝AR : SR，BP : CP＝BR : SR なので(3.13)をえる(図 3.17)．逆は，RQ·BC＝P′ として P＝P′ を示す．■

定理 3.15 (Ceva の定理)　三角形 ABC の辺または延長線上の 3 点 P, Q, R に対し，AP, BQ, CR が共点の条件は

$$\frac{AR}{BR}\cdot\frac{CQ}{AQ}\cdot\frac{BP}{CP} = -1 \tag{3.14}$$

［略証］ 共点の線 AP, BQ, CR の交点 O について，三角形 RBC と線 AOP，三角形 ARC と線 BOQ に(3.13)を適用して

$$\frac{RA}{BA}\cdot\frac{CO}{RO}\cdot\frac{BP}{CP} = +1, \qquad \frac{RB}{AB}\cdot\frac{CO}{RO}\cdot\frac{AQ}{CQ} = +1$$

から CO : RO を消去し，AB : BA＝−1，RA : RB＝AR : BR によって(3.14)

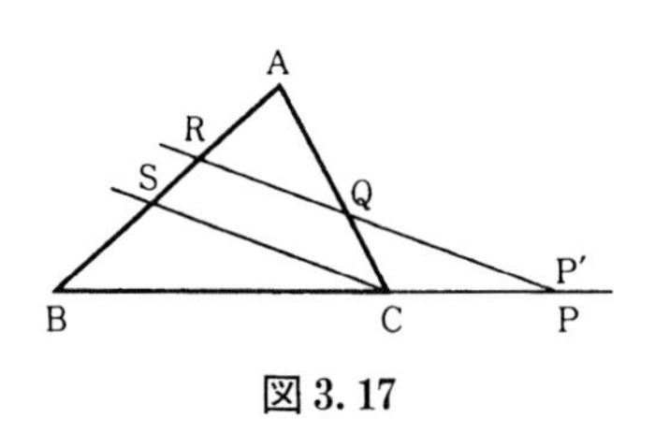

図 3.17

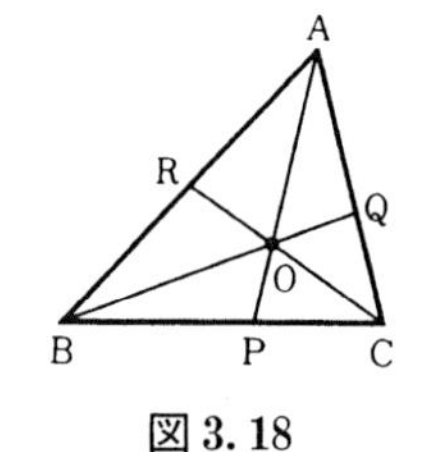

図 3.18

をえる(図3.18)．逆は，(3.13)のときと同様にできる． ∎

この両定理はEuclid幾何学の定理としてよく使われている．奇妙なことに，(3.13)は古代ギリシャ時代から知られていたが，(3.14)が明示されたのは17世紀である．

射影幾何学では，実の2次曲線はただ1種類だが，アフィン幾何学では，無限遠直線と(実の2点で)交わる**双曲線**，接する**放物線**，交わらない(交点が虚の)**楕円**の区別がある(図3.19)．双曲線が無限遠直線と交わる2点での接線がそれぞれ**漸近線**であり，その交点が(対称の)**中心**である．楕円も虚の交点での虚の接線の(実の)交点として中心をもつ．放物線の中心は，無限遠直線との接点である．

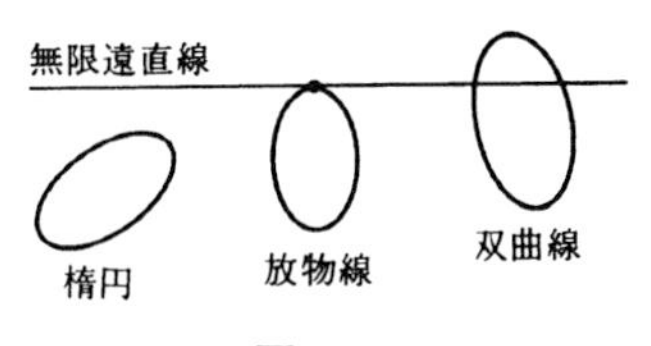

図3.19

互いに平行な直線族のおのおのが，2次曲線Γと交わる2点の中点の軌跡は，Γの中心を通る直線であり，最初の平行直線族の**共役直径**である．この方法によって，2次曲線の中心を作図することができ，また与えられた曲線が真の2次曲線かどうかの判定ができる．

ところで，(3.12)は次の変換

$$(x_1, x_2) \to (x_1', x_2'):$$

$$x_1' = a_{10}+a_{11}x_1+a_{12}x_2, \qquad x_2' = a_{20}+a_{21}x_1+a_{22}x_2 \tag{3.15}$$

を表わすが，平行移動の部分を除くと，右下の2次正方行列の固有値によって，回転，相似変換，x_1, x_2それぞれの方向で違うスケールの変換，ずり変換に分類される．後の二つが「真のアフィン変換」であり，前の二つは次の相似幾何学の対象である．

(2) 相似幾何学とEuclid幾何学

同次座標(x_0, x_1, x_2)において，無限遠直線$l:\{x_0=0\}$を不変にする他，l上の**虚円点**$(0, \mathrm{i}, \pm 1)$を不変にし，基準点$(0,1,0)$と$(0,0,1)$とを交換する楕円的対合(2回反復すると恒等変換になる変換)Jと可換な変換を**相似変換**という．

これは，通常の座標 $x=x_1/x_0$, $y=x_2/x_0$ において

$$x' = ax-by+c, \quad y' = bx+ay+d, \quad a^2+b^2 \neq 0 \tag{3.16}$$

の形の変換で，一般のアフィン変換のうち，各座標軸方向の別々の拡大とずり変換を除く，平行移動，回転，相似変換(裏返しを許すこともある)の組合せである．J は(3.12)の右下の行列が $\begin{pmatrix} 0 & 1 \\ -1 & 0 \end{pmatrix}$ で表わされる変換である．

相似変換で不変な性質を研究する幾何を**相似幾何学**という．平面を複素数平面で表現すれば，複素数の1次式，$z'=\alpha z+\beta$ の形の変換である．

相似幾何学では2線のなす角度の概念が考えられる．特に**直交**は $[a_0, a_1, a_2]$ と $[b_0, b_1, b_2]$ で表わされる2直線に対して，

$$a_0b_0+a_1b_1+a_2b_2 = 0$$

で表わされる．図形的にいえば，これは両直線と無限遠直線 l との交点 A, B が，変換 J によって交換されることを表わす．もし l 上の点をすべて動かさない変換に限定すれば，回転を除いた平行移動と相似変換のみになる．

相似幾何の特別な場合として，Euclid 幾何がある．それを扱うためには，距離(計量)の概念，すなわち (x_1, y_1), (x_2, y_2) に対し

$$d = \sqrt{(x_1-x_2)^2+(y_1-y_2)^2}$$

を導入し，距離を不変にする**等長変換**(**合同変換**)を考える必要がある．相似変換は距離を r(一定比)倍する．等長変換は $r=1$ としたとき，すなわち(3.16)で $a^2+b^2=1$ と限定した場合に相当する．

以上では数を実数と考えたが，数を複素数とした複素射影幾何学も考えられる．1次元の同次座標 (z_0, z_1) は，無限遠点も加えた Riemann 球面を表わし，しばしば「複素射影直線」とよばれる．2次元の (z_0, z_1, z_2) に基づくものが「複素射影平面」である．そのために通常の $\mathbf{C}$ を「複素数平面」とよんで区別してきた．

(b)　非 Euclid 幾何学

非 Euclid 幾何学は，元来 Euclid『原論』冒頭にある平行線の公準が複雑な形(演習問題 3.5(i))であったため，それを(他の公理・公準から)証明しようという永年の努力の末に，それを否定する試みから発生した．「誤った証明」は，すべて平行線の公準と同値な命題を自明と考えたものであり，それらがいかに多

様であるかを示している．

非 Euclid 幾何学のうち，平行線が存在しないとするものを**楕円幾何学**という．球面幾何学(§2.3(b)参照)がそのモデルである．ただしそのままでは2直線の交点は2個(複式)になる．それを1個(単式)にしたければ，球面の対点を同一視する必要がある．そのとき曲面は射影平面と同位相になる(参考書[27]参照)．これは射影幾何学で，1個の虚の2次曲線を不変にする幾何と考えられる．

通常，非 Euclid 幾何学とよばれているのは，平行線が複数ある Bolyai-Lobachevskiĭ の幾何学をさし，**双曲幾何学**とよばれる．以下この意味に限定して使用する．主な対比を表3.1に示す．

表 3.1　Euclid および非 Euclid 幾何学の比較

	Euclid	双曲的	楕円的
2直線の交点	1個	1個	1個(単式) 2個(複式)
直線外の1点を通る非交線	1本のみ	2本以上	なし
直線の長さ	無限	無限	有限
直線は平面を	分ける	分ける	分けない(単式) 分ける(複式)
直線は点によって分割	される	される	されない
非交線間の間隔	一定	変化	(不存在)
Saccheri の角*	直角	鋭角	鈍角
三角形の内角の和	2直角	<2直角	>2直角
三角形の面積	角と無関係 非有界	角不足に比例 有界	角過剰に比例 有界
対応角が等しい三角形	相似	合同	合同

* 四辺形 ABCD で ∠DAB＝∠ABC＝直角，AD＝BC としたとき，∠ADC＝∠BCD の値．Saccheri は鋭角の仮定を否定しようとして，心ならずも非 Euclid 幾何の定理をえた．

平行線の公準ならびに非 Euclid 幾何学に関して興味深い題材が豊富だが，すでにそれを論じた書物が豊富なので，ここではいくつかの注意事項を挙げるだけに留める．

双曲幾何学では平行と非交とを区別する(図3.20)．直線 a 外の1点Pを通って，それ自身 p は a と交わらないが，それよりも内側の直線がすべて a と交わる直線 p を**平行**とよぶ．Pを通って a と平行な直線は，a の両方向にそれぞれ1本ずつあり，その間の直線が**非交**である．平行2直線間の距離は，一方側

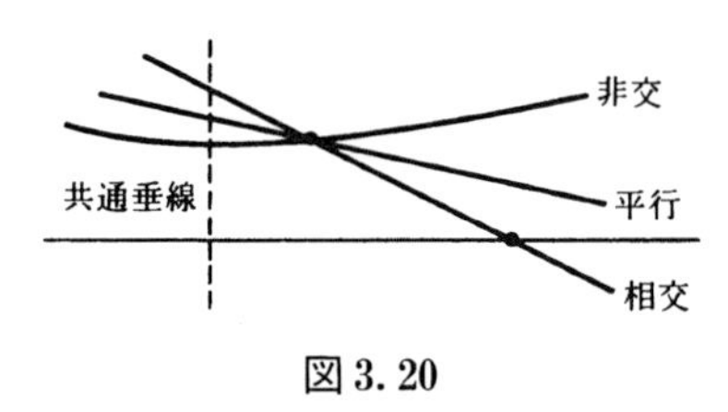

図 3.20

では 0 に近づき(漸近線状)，他方側ではいくらでも大きくなる．非交 2 直線は(あたかも空間内のねじれの位置にある 2 直線のように)，唯一の共通垂線をもち，それが両者の最短距離である．直線から等距離の点の軌跡は直線ではなく，**等距離線**とよばれる特別な(円と似た性質をもつ)曲線である．

Lobachevskiĭ の研究は，球面三角法の公式(§ 2.3(b)参照)を半径 iR(純虚数)の球の場合に適用した「三角法」に基づいていた．

双曲幾何学のモデルとしては，下記の二つが代表的である．第 1 は，複素数平面上の単位円(**絶対形**)の内部に線素 $|dz|/(1-|z|^2)$ を入れた **Poincaré のモデル**であり，「直線」は単位円周に直交する円(および直径)になる．かつて BBC 放送が，特殊撮影技術を駆使して，円周に近づくほど小さくなるこのモデルの世界をうつした教育用映画を作成したが，現在ではパソコンの画面上でそれを実現することができる(図 3.21)．

第 2 は，射影幾何学において，一つの 2 次曲線(**絶対形**)を不変にする変換のみに限定する **Klein のモデル**である．この両者は本質的に同値である．すなわち，単位円を赤道面 λ とする球面上に，Poincaré のモデルを立体射影(赤道に対する一方の極から射影)すれば，単位円に直交する円は球面上で λ と直交する平面による切り口の円にうつる．これを λ に正射影すれば，単位円周(2 次曲線)を絶対形とする Klein のモデルになる(図 3.22)．このようなモデルが作られるということが(数の体系および Euclid 幾何学の無矛盾性を仮定したとき)，非 Euclid 幾何学の**無矛盾性**を保証する．いずれのモデルでも，2 点 A, B を通る直線(Poincaré の場合では直交円)が絶対形と交わる点 P, Q との非調和比 $R(\mathrm{A}, \mathrm{B}; \mathrm{P}, \mathrm{Q})$ の対数によって，A, B 間の距離が定義できる．

ただし双曲幾何学での現実の世界は，どちらのモデルでも，単位円あるいは絶対形の内部の点のみである．その外側は「実数」の世界だが，「この世」ではない「超無限遠」の世界である．この範囲をしばしば「あの世」と俗称する．

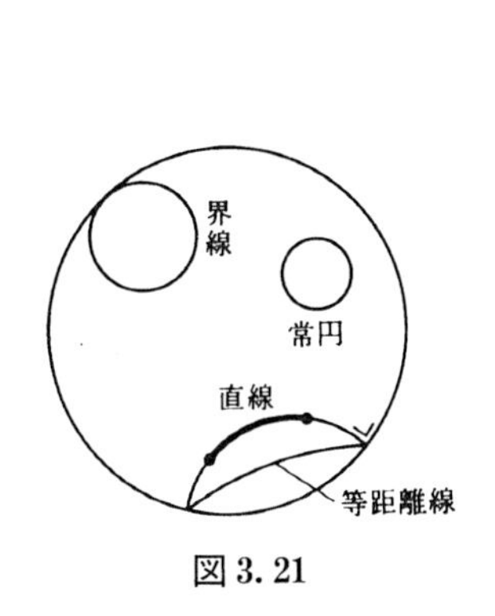

図 3.21

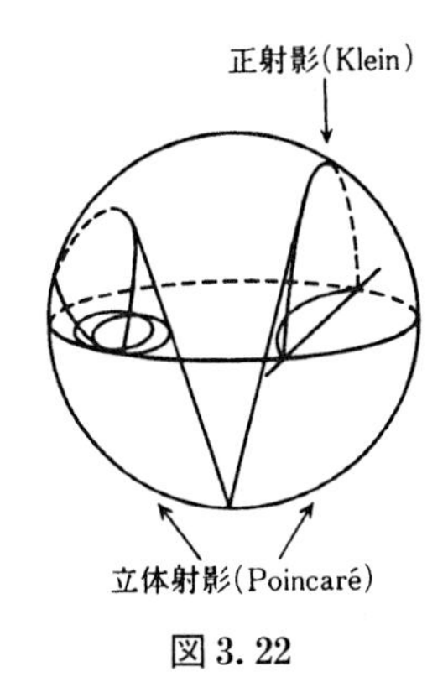

図 3.22

例えば非交2直線は「この世」では交わらないが，「あの世」で交わる2直線である．その交点は，Kleinのモデルで共通垂線の絶対形に対する極点である．

非Euclid(双曲)幾何学のモデルとして，しばしばBeltramiの擬球面のような，負の定曲率曲面上の幾何学が挙げられる．小域の幾何学的性質はそれでよい．しかし負の定曲率曲面全体を，3次元Euclid空間内に特異点なく埋め込むことが不可能なため，それでは双曲幾何学の大域的な性質を完全に表現することができない．この点を誤解(？)して，非Euclid幾何学を否定する議論さえあった．

双曲幾何学では，三角形の内心，重心は存在するが，外心，傍心，垂心は必ずしも存在しない．共線でない3点は必ずしも同一円周上にないが，円(**常円**という)，等距離線，界線を総称した**広義の円**の上にのる．**界線**の定義は多数あるが，同一方向に平行な直線族の直交截線とするのがわかりやすい．Poincaréのモデルでは単位円に接する円，Kleinのモデルでは絶対形に4重接触する2次曲線に相当する．全般的に広義の円を組織的に研究するには，Poincaréのモデルが便利である．

双曲幾何学の**2次曲線**は，Kleinのモデルにおいて，絶対形との関係によって表3.2のように合計11種に分類され，それらは3族にまとめられる．

広義の円は前に述べた．常円は楕円と別種とする．「有限の範囲」にある(常円でない)2次曲線が**楕円**である．2点からの距離の和が一定な点の軌跡は，双曲幾何学では楕円ではない．詳しい説明は略すが，楕円的放物線，凸双曲線が，

表3.2　双曲幾何学の2次曲線

	絶対形との実交点	絶対形との共通接線	名　称
有心2次曲線族	0個	すべて虚	楕円
	2個	実2本	半双曲線
	4個	すべて実	凹双曲線
	4個	すべて虚	凸双曲線
放物線族	1個(接点)	実1本(共通)	楕円的放物線
	2個+1個(接点)	2本+1本(共通)	凹双曲的放物線
	2個+1個(接点)	実1本(共通)	凸双曲的放物線
	1個+3重接点	1本+1本(共通)	接触放物線
広義の円	0個	虚(重複)	常円
	4重接点	1本(共通)	界線
	2重接点2個	2本(共通)	等距離線

それぞれ通例の放物線，双曲線と似ている．これらの研究にはKleinのモデルが有用である．

放物線族はすべて絶対形と接する2次曲線であり，その意味では界線，等距離線もその仲間である．広義の円は無限に多くの対称軸をもつ．有心2次曲線は「対称中心」をもつが，そのうち半双曲線の中心は「あの世」にあるので，実の曲線は見掛け上点対称ではない．

演習問題

3.1　§3.1(a)の解析的モデルにおいて，Desarguesの公理が成立することを示せ．[ヒント：共線・共点の条件は，3個の座標成分を並べた3次行列式が0に等しいことである．(a_0, a_1, a_2) と (b_0, b_1, b_2) に共線の点は，$(\alpha a_i+\beta b_i)$ $(i=0, 1, 2)$ で表わされる．]

3.2　(Kleinの意味の)2次曲線が，任意の線と2点より多くの共有点をもつことはありえないことを証明せよ．

3.3　定理3.10における行列 A の固有値 s を求め，判別式(3.6)の符号で不動要素の個数が分類できることを確かめよ．

3.4　§3.2の最後に述べた方法により，極線が求められることを確かめよ．

3.5　Euclidの平行線公準の原型は，下記の(i)である．これと(ii)とが(順序の公理などの下で)同値であることを直接に証明せよ．

(i) 2直線 a, b と第3の直線とが交わってなす同じ側の内角の和が2直角未満なら，a, b を延長するといつかはその角が小さい方の側で交わる．

(ii) 2直角より小さい角内に1点Pがあるとき，Pを通って角の両方の辺に交わるような直線を引くことができる．

付記 Euclidが(i)の形を提示したのは，『原論』第1巻の第16命題「三角形の2内角の和は2直角より小さい」(平行線の公準と無関係に証明できる)の逆を意識したらしいという説が有力である．

第4章

三角形幾何続論

§4.1 基本公式

基礎となる重心座標や三線座標は§2.1(a)(3)で述べた．§2.1(b)に続く発展的な結果を論ずる．

(a) 六斜術とSoddyの定理

定理4.1 (六斜術) 平面三角形ABCについて，BC$=a$, CA$=b$, AB$=c$とおく．同じ平面上の点Pに対して，PA$=p$, PB$=q$, PC$=l$とおくと(図4.1)，次の等式が成立する．

$$a^2p^2(b^2+c^2+q^2+l^2-a^2-p^2)+b^2q^2(c^2+a^2+l^2+p^2-b^2-q^2)$$
$$+c^2l^2(a^2+b^2+p^2+q^2-c^2-l^2)$$
$$=a^2b^2c^2+a^2q^2l^2+p^2b^2l^2+p^2q^2c^2 \tag{4.1}$$

注 「六斜術」とは「6本の斜の線分間の等式」を意味する和算の用語である．一見繁雑だが，左辺は相対する線分の2乗の積に，他の線分の2乗の和から自分自身の2乗の差を引いた量を掛けた和である．右辺は4個の三角形ABC, PBC, PCA, PABの周辺3本の2乗の積の和である．

§4.4で示すが，Pが△ABCの平面上になく，4点が四面体の頂点をなすとき，(左辺)−(右辺)は$(12\times$体積$)^2$に等しい(空間のHeronの公式；定理4.15)．それを直接に示せば，六斜術は四面体が平面上に退化して体積が0になった極限と解釈できる．しかし以下では直接の証明を与える．

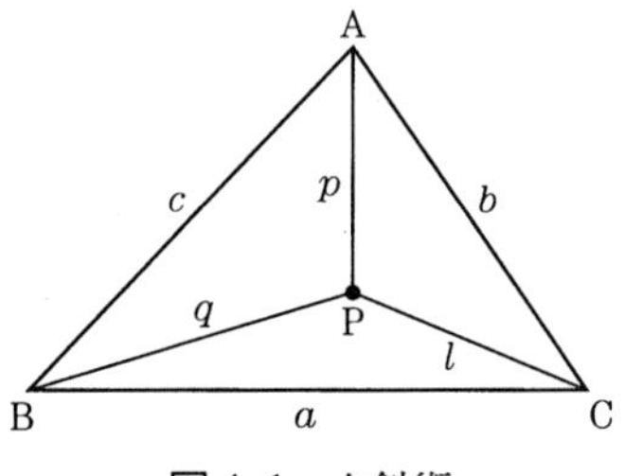

図 4.1　六斜術

［略証］ P が △ABC の内部にあるときを扱う(他の場合も同様にできる)． $\angle\mathrm{BPC}=2\alpha$, $\angle\mathrm{CPA}=2\beta$, $\angle\mathrm{APB}=2\gamma$ とおくと，$\alpha+\beta+\gamma=180°$ である．余弦定理と倍角公式により，

$$\sin^2\alpha=\frac{a^2-(q-l)^2}{4ql}=\frac{a^2-q^2-l^2}{4ql}+\frac{1}{2};\quad \beta,\gamma\text{ も同様} \tag{4.2}$$

である．他方 α,β,γ を 3 内角とする三角形に正弦定理と余弦定理を適用すると，

$$-\sin^4\alpha-\sin^4\beta-\sin^4\gamma+2\sin^2\alpha\sin^2\beta+2\sin^2\beta\sin^2\gamma+2\sin^2\gamma\sin^2\alpha$$
$$=4\sin^2\alpha\sin^2\beta\sin^2\gamma \tag{4.3}$$

である．(4.3) は公式 $abc=4RS$ (R は外接円の半径，S は面積) に Heron の公式を適用して導くこともできる．(4.3) に (4.2) を代入して整理するのだが，(4.3) の両辺を 16 倍し，(4.2) をいったん

$$4\sin^2\alpha=A+2;\quad A=\frac{a^2-q^2-l^2}{ql},\quad B=\frac{b^2-l^2-p^2}{lp},\quad C=\frac{c^2-p^2-q^2}{pq}$$

などと書き改めて代入すると，

$$-(A+2)^2-(B+2)^2-(C+2)^2+2(A+2)(B+2)+2(B+2)(C+2)$$
$$+2(C+2)(A+2)$$
$$=(A+2)(B+2)(C+2)$$

の形になる．展開整理すると

$$4-(A^2+B^2+C^2)=ABC$$

と簡略化される．A, B, C の定義を代入して $p^2q^2l^2$ を掛けると，

$$4p^2q^2l^2-p^2(a^2-q^2-l^2)^2-q^2(b^2-l^2-p^2)^2-l^2(c^2-p^2-q^2)^2$$
$$=(a^2-q^2-l^2)(b^2-l^2-p^2)(c^2-p^2-q^2) \tag{4.4}$$

となる．これを展開整理するのだが，その概要を述べる．まず p, q, l 同士の p^4q^2 の形の項は両辺から消え，$p^2q^2l^2$ の項は左辺が $4-2\times3$ 倍，右辺が -2 倍で消える．残りの項は

$$
\begin{aligned}
&2(p^2q^2a^2+p^2l^2a^2+q^2p^2b^2+q^2l^2b^2+l^2p^2c^2+l^2q^2c^2)-p^2a^4-q^2b^4-l^2c^4 \\
&\quad = a^2b^2c^2+a^2q^2l^2+b^2l^2p^2+c^2p^2q^2+a^2p^4+b^2q^4+c^2l^4+a^2p^2(q^2+l^2) \\
&\qquad +b^2q^2(l^2+p^2)+c^2l^2(p^2+q^2)
\end{aligned}
$$

である．これをまとめると(4.1)になる．　■

この公式は複雑であるし，まとめても一般の場合には，因数分解できない．和算家はこれを知り，平面幾何の難問に巧妙に利用している．

例 4.1　点 P を外心にとり，外接円の半径を R とすると

$$
\begin{aligned}
&R^2[a^2(R^2+b^2+c^2-a^2)+b^2(R^2+c^2+a^2-b^2)+c^2(R^2+a^2+b^2-c^2)] \\
&\quad = a^2b^2c^2+R^4(a^2+b^2+c^2)
\end{aligned}
$$

をえる．整理して

$$
R^2(2a^2b^2+2b^2c^2+2c^2a^2-a^4-b^4-c^4) = a^2b^2c^2
$$

であって，外接円の半径 R を 3 辺の長さで表わすことができる．もっともこの公式は面積 S を表わす Heron の公式に注目すると，周知の公式 $abc=4RS$ と同じである．　□

次にこの特別な場合に相当する結果を述べる．

定理 4.2 (Soddy の定理)　互いに外接する半径 u, v, w, t の円 A, B, C, P があるとき(図 4.2)，それらの半径の間に次の等式が成立する．

$$
\left(\frac{1}{t}+\frac{1}{u}+\frac{1}{v}+\frac{1}{w}\right)^2 = 2\left(\frac{1}{t^2}+\frac{1}{u^2}+\frac{1}{v^2}+\frac{1}{w^2}\right) \qquad (4.5)
$$

注　Soddy は同位元素の研究で 1921 年に Nobel 化学賞を受賞した学者だが，1936 年 “Nature” にこの結果を発表し，彼の名でよばれている．しかしこの事実は彼の新発見ではなく，Descartes(1646) や Steiner(1828) も記録しているし，19 世紀にも何人かの数学者が報告している．

[略証]　六斜術の式(4.1)に，

$$
\begin{aligned}
a &= v+w, \quad & b &= w+u, \quad & c &= u+v \\
p &= t+u, \quad & q &= t+v, \quad & l &= t+w
\end{aligned}
\qquad (4.6)
$$

を代入して整理すれば証明できるはずだが，その計算は容易でない．改めて(4.

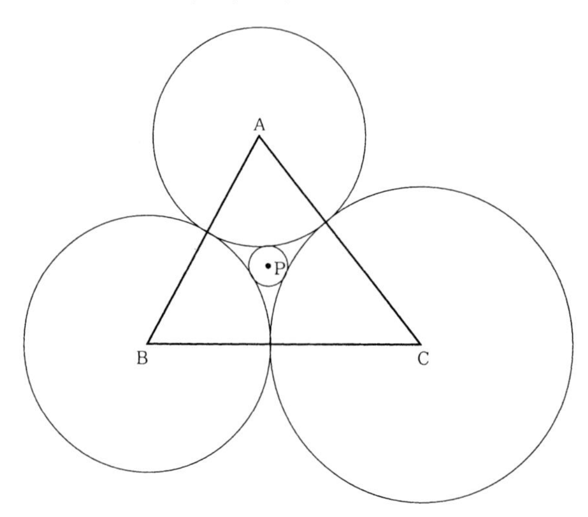

図 4.2　互いに外接する4円

2)に戻る．このときは

$$\sin^2\alpha=\frac{vw}{(t+v)(t+w)};\quad \beta,\gamma\text{ も同様} \tag{4.7}$$

と簡易化される．

それらを(4.3)に代入し，全体に $(t+u)^2(t+v)^2(t+w)^2/t^2u^2v^2w^2$ を乗じると

$$-\left(\frac{1}{t}+\frac{1}{u}\right)^2-\left(\frac{1}{t}+\frac{1}{v}\right)^2-\left(\frac{1}{t}+\frac{1}{w}\right)^2+2\left(\frac{1}{t}+\frac{1}{u}\right)\left(\frac{1}{t}+\frac{1}{v}\right)$$
$$+2\left(\frac{1}{t}+\frac{1}{v}\right)\left(\frac{1}{t}+\frac{1}{w}\right)+2\left(\frac{1}{t}+\frac{1}{w}\right)\left(\frac{1}{t}+\frac{1}{u}\right)$$
$$=\frac{4}{t^2}$$

となる．この左辺を展開整理して右辺と合わせると

$$\frac{1}{t^2}+\frac{1}{u^2}+\frac{1}{v^2}+\frac{1}{w^2}=2\left(\frac{1}{tu}+\frac{1}{tv}+\frac{1}{tw}+\frac{1}{uv}+\frac{1}{vw}+\frac{1}{wu}\right)$$

をえる．これは(4.5)と同じ式である．　■

注　以上の証明は，文献[2]の初版にある証明の線に沿った．同書再版では，反転法によるエレガントな証明に改められたが，初学者にわかりやすいかどうか疑問に感じた．なお2円が内接するとき，外側の円の半径を負数と解釈すれば，

Soddyの定理は，そのままの形で成立する．

系4.1　三角形ABCにおいて，A, B, Cを中心としてそれぞれ半径が(BC$=a$, CA$=b$, AB$=c$と表わす)

$$u=\frac{1}{2}(-a+b+c),\quad v=\frac{1}{2}(a-b+c),\quad w=\frac{1}{2}(a+b-c) \tag{4.8}$$

の円を描くと，それらは互いに外接する．この3円で囲まれた部分にあり，それらに外接する小円Pの半径tは

$$\frac{1}{t}=\frac{1}{u}+\frac{1}{v}+\frac{1}{w}+\frac{2}{r} \tag{4.9}$$

で表わされる．ここにrは$\triangle$ABCの内接円の半径を表わす．

［略証］　(4.5)を$\frac{1}{t}$に関する2次方程式として解くと

$$\frac{1}{t}=\frac{1}{u}+\frac{1}{v}+\frac{1}{w}\pm\sqrt{D} \tag{4.10}$$

$$D=\left(\frac{1}{u}+\frac{1}{v}+\frac{1}{w}\right)^2-\left(\frac{1}{u^2}+\frac{1}{v^2}+\frac{1}{w^2}\right)+2\left(\frac{1}{uv}+\frac{1}{vw}+\frac{1}{wu}\right)$$

$$=4\frac{u+v+w}{uvw}$$

と表わされる．$u+v+w=s=\frac{1}{2}(a+b+c)$とし，$\triangle$ABCの面積を$S$とおくと，Heronの公式によって$\sqrt{suvw}=S$であり，$S=rs$から

$$D=\frac{4s}{uvw}=\left(\frac{2s}{S}\right)^2=\left(\frac{2}{r}\right)^2$$

である．ここで小円の半径t_+は，(4.10)で根号の正をとった値である．根号の負をとった値t_-(負のこともある)は，3個の円を外側から包み込んで，それらが内接する大円の半径に相当する．　∎

注　互いに接する3円に接する円の作図は，**Apolloniosの作図題**とよばれる難問である．Apolloniosがこれに苦しんで，2点からの和や差が一定の点の軌跡(楕円や双曲線)を考えたという話は，俗説にすぎない．この作図は反転法を活用して定規とコンパスだけで作図できることが知られている．上の公式(4.9)からも，tは定規とコンパスで作図できるので，原理的に定規とコンパスだけで作図可能な問題であることが推察される．

(b) 共役点

三角形 ABC 内の 1 点 P に対し，AP, BP, CP の延長が対辺と交わる点を X, Y, Z とする．各辺の中点に関する X, Y, Z の対称点を X′, Y′, Z′ とすると，Ceva の定理およびその逆によって，3 直線 AX′, BY′, CZ′ は 1 点 Q で交わる．このようにしてできる 2 点 P, Q を互いに他の**等長共役点**とよぶ(図 4.3)．

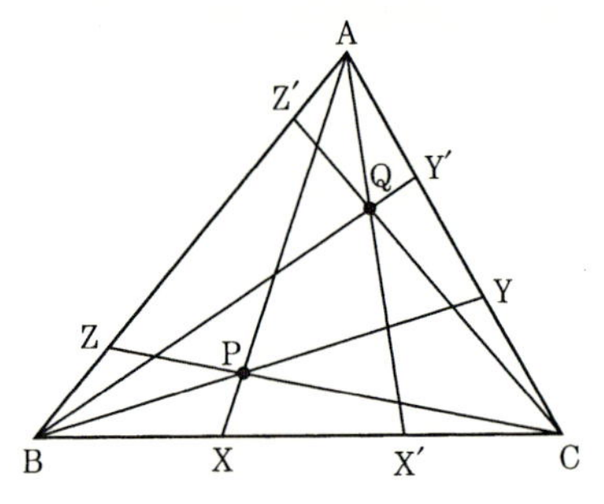

図 4.3　等長共役点

P の重心座標の比が $\lambda:\mu:\nu$ であれば，その等長共役点 Q の重心座標の比は $\dfrac{1}{\lambda}:\dfrac{1}{\mu}:\dfrac{1}{\nu}$ である．これは重心座標が，辺上の X, Y, Z の内分比で表わされることからわかる．なお P が △ABC の外部にあっても，同様に等長共役点が定義できる．

次節で述べる Gergonne 点と Nagel 点とが，典型的な等長共役点の例である．重心は自己等長共役点である．

定理 4.3　三角形 ABC 内の 1 点 P に対し，

$$\angle \mathrm{CAX'} = \angle \mathrm{PAB}, \quad \angle \mathrm{ABY'} = \angle \mathrm{PBC}, \quad \angle \mathrm{BCZ'} = \angle \mathrm{PCA}$$

であるように，すなわち AP, BP, CP をそれぞれの内角の二等分線について変換して，AX′, BY′, CZ′ を対称に引くと，3 直線 AX′, BY′, CZ′ は 1 点 Q で交わる．Q を P の**等角共役点**という(図 4.4)．P の重心座標の比を $\lambda:\mu:\nu$ とすると，Q の重心座標の比は $\dfrac{a^2}{\lambda}:\dfrac{b^2}{\mu}:\dfrac{c^2}{\nu}$ で表わされる．P が △ABC の外部にあるときも同様である．

例 4.2　内心と 3 個の傍心は自己等角共役点である．外心と垂心とは等角共役点である．表 2.2 に示した両者の重心座標の比の積は

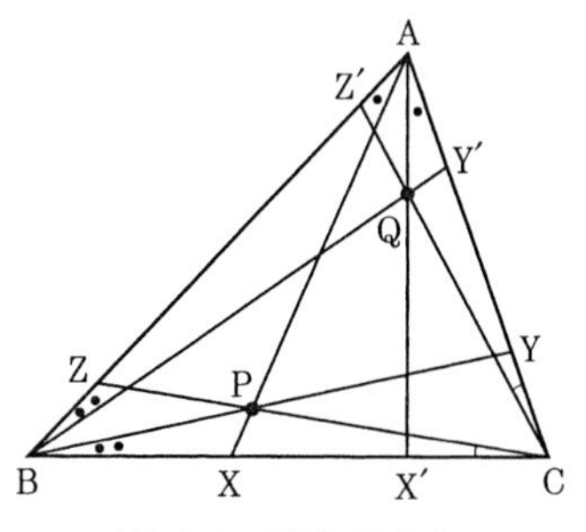

図 4.4　等角共役点

$$\sin 2\mathrm{A} \tan \mathrm{A} : \sin 2\mathrm{B} \tan \mathrm{B} : \sin 2\mathrm{C} \tan \mathrm{C}$$
$$= \sin^2\mathrm{A} : \sin^2\mathrm{B} : \sin^2\mathrm{C} = a^2 : b^2 : c^2$$

を満たす．重心の等角共役点は，重心座標の比が $a^2 : b^2 : c^2$ で表わされる点で，**擬似重心**とか **Lemoine 点**とよばれる．　□

証明はいろいろ可能だが，次の補助定理によれば，Ceva の定理の逆により AX′, BY′, CZ′ が 1 点で交わることと，重心座標の関係が直接にわかる．

補助定理 4.4　△ABC の辺 BC を $m : n$（整数比とは限らない）に内分する点 X をとる．同じ辺 BC 上に点 X′ を ∠BAX＝∠X′AC であるようにとると

$$\mathrm{BX}' : \mathrm{X}'\mathrm{C} = \frac{c^2}{m} : \frac{b^2}{n}, \quad b = \mathrm{CA}, \quad c = \mathrm{AB} \tag{4.11}$$

である．

［証明］　△ABC の外接円を描き，AX, AX′ の延長が外接円と交わる点を K, L とする（図 4.5）．∠BAK＝∠LAC から BK＝CL であり，四辺形 BKLC

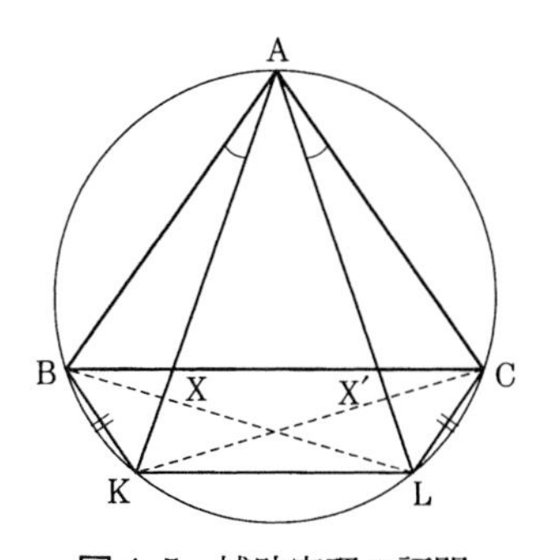

図 4.5　補助定理の証明

は等脚台形である．そして $\triangle$ABX と $\triangle$ALC，$\triangle$ABK と $\triangle$AX′C はそれぞれ2角が等しく相似である．同様に $\triangle$ABL と $\triangle$AXC，$\triangle$ABX′ と $\triangle$AKC も相似である．これから

$$\mathrm{BX:AB=CL:AL,}\qquad \mathrm{CX:AC=BL:AL}$$
$$\mathrm{BX':AB=CK:AK,}\qquad \mathrm{CX':AC=BK:AK}$$

をえる．これをまとめると，CK=BL, CL=BK に注意して

$$\mathrm{BX':CX'=AB\cdot CK:AC\cdot BK}=c\cdot\mathrm{BL}:b\cdot\mathrm{CL}$$
$$=\frac{\mathrm{AB\cdot CX}}{\mathrm{AC}}:\frac{\mathrm{AC\cdot BX}}{\mathrm{AB}}=c^2n:b^2m=\frac{c^2}{m}:\frac{b^2}{n}$$

となる．　■

§4.2　三角形の諸心と諸線

(a)　古典的諸心と諸線

§2.1(b)において，三角形の諸心が91点あり，それらが103本の直線に載っていると記した．これは文献[6]によったものだが，実はもっと多いらしい．Keyton の報告[1]には(要約だが)400点の諸心が挙がっている．

もっとも連続的な助変数を含む Kiepert 点や刈屋点(後述)を考えたり，ある心の等長共役点，等角共役点，…という無限列を作ったりすれば，心は無限個ありえるので，正確に何個という質問は無意味に近い．以下では，古典的な「五心」以外の特徴的な点を解説する．

de Longchamps 点：　外心に対する垂心の対称点である．$\triangle$ABC の各頂点を通って対辺に平行な直線を引き，その交点を A′, B′, C′ とするとき，これらを頂点とする $\triangle$A′B′C′ を仮に**大三角形**とよぶ．両者の重心と Euler 線は一致し，もとの三角形の垂心および外心は，大三角形の外心および九点円の中心になる．このとき de Longchamps(ド・ロンシャン)点は，大三角形の垂心である．なお大三角形の内心 P は

(各頂点から対辺への高さ) − (P からその辺への高さ)

1)　M. Keyton, How many centers does a triangle have? T³ International Conference, Columbus, Ohio, 2001年3月の報告.

が3頂点について共通な値をとる点である．後述の熊倉たちはこれを △ABC の「線心」とよんだ．

de Longchamps 点の重心座標の比は，垂心，外心の値

$$a^4-(b^2-c^2)^2 : b^4-(c^2-a^2)^2 : c^4-(a^2-b^2)^2 \qquad (\text{垂心})$$

$$a^2(-a^2+b^2+c^2) : b^2(a^2-b^2+c^2) : c^2(a^2+b^2-c^2) \qquad (\text{外心})$$

の和が等しいことから，2×(外心の成分)－(垂心の成分) で表わされる．しかしそれを a, b, c の4次式で表わすより，三角比を使って

$$a(\cos A-\cos B\cos C) : b(\cos B-\cos C\cos A) : c(\cos C-\cos A\cos B) \tag{4.12}$$

(余弦定理による)としたほうがよい．

Gergonne 点：　△ABC の内接円が3辺 BC, CA, AB に接する点を D, E, F とする．Ceva の定理の逆により，3直線 AD, BE, CF は1点 G で交わる．これを **Gergonne 点**という．その重心座標の比は，記号(4.8)により

$$\frac{1}{u}:\frac{1}{v}:\frac{1}{w} = vw : wu : uv \tag{4.13}$$

で与えられる．余弦定理によって右辺を変形すれば

$$\frac{1}{a}(1-\cos A) : \frac{1}{b}(1-\cos B) : \frac{1}{c}(1-\cos C) \tag{4.14}$$

としてもよい．

この拡張として，次の**刈屋(かりや)の定理**がある．k を $0<k<1$ である定数とし，上の記号 D, E, F を使う．内心を I とする．内接円を I を中心として k 倍に縮小した円と ID, IE, IF との交点を P, Q, R とすると，3直線 AP, BQ, CR は同一点 K で交わる．これを k 位の**刈屋点**という(刈屋他人次郎氏の名にちなむ)．$k=0$ のときは内心，$k=1$ のときは Gergonne 点である．

これは3頂点の位置ベクトルを $\boldsymbol{a}, \boldsymbol{b}, \boldsymbol{c}$ とすると，次のようにして示される．点 P の位置ベクトルは

$$\frac{1-k}{a+b+c}(a\boldsymbol{a}+b\boldsymbol{b}+c\boldsymbol{c})+\frac{k}{2a}[(a+b-c)\boldsymbol{b}+(a-b+c)\boldsymbol{c}]$$

で表わされ，AP の延長が辺 BC と交わる点は BC を

$$2ab+k(a^2+b^2-c^2) : 2ac+k(a^2+c^2-b^2)$$

の比に内分する．他も同様なので Ceva の定理の逆によって AP, BQ, CR は同

一点Kで交わる．その点の重心座標の比は

$$\frac{1}{2bc+k(-a^2+b^2+c^2)}:\frac{1}{2ca+k(a^2-b^2+c^2)}:\frac{1}{2ab+k(a^2+b^2-c^2)} \tag{4.15}$$

と表わされる．kを0から1まで動かすと，刈屋点は内心からGergonne点に移動するが，その軌跡は線分ではない．

注　Gergonne点をGと表わすのは重心とまぎれそうだが，本項では重心を積極的に使用しないのでお許しをこう．

Nagel点：　△ABCの各角内の傍接円が辺の内部で接する点をそれぞれX, Y, Zとすると，3直線AX, BY, CZは1点Nで交わる．これを**Nagel点**という．重心座標の比は$u:v:w$であり，Gergonne点の等長共役点である．

$$a+u=b+v=c+w=a+b+c=2(u+v+w)$$

から，内心，重心，Nagel点はこの順に1直線上にあり，相互の間隔が1:2である．これを**Nagel線**ということがある．これは外心，重心，垂心がこの順にEuler線上にあり，間隔が1:2であることの類似である．

定理4.5　Gergonne点，内心，de Longchamps点は同一直線上にある．この直線を次項のSoddy点にちなんで，**Soddy線**という(図4.6)．

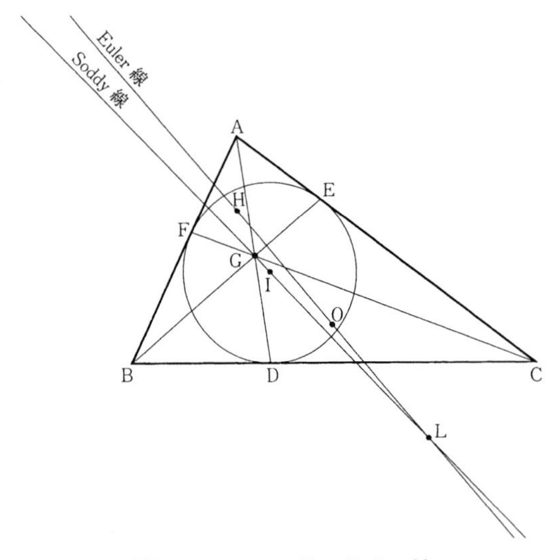

図4.6　Soddy線とEuler線

系 4.2 Soddy 線と Euler 線とは de Longchamps 点で交わる．

[証明] 3点の重心座標の比を成分とする行列式=0を示せばよい．それらを a, b, c の多項式で表わして Vandermonde の行列式を利用して計算してもよいが，(4.12), (4.14) など三角比を補助に使って

$$\begin{vmatrix} a & (1-\cos A)/a & a(\cos A-\cos B\cos C) \\ b & (1-\cos B)/b & b(\cos B-\cos C\cos A) \\ c & (1-\cos C)/c & c(\cos C-\cos A\cos B) \end{vmatrix} = 0 \qquad (4.16)$$

を示すほうがよい．(4.16) の各行を a, b, c で割り，正弦定理を使うと，$1/a^2$ を $1/\sin^2 A=1/(1-\cos^2 A)$ で置き換えて，

$$\begin{vmatrix} 1 & 1/(1+\cos A) & \cos A-\cos B\cos C \\ 1 & 1/(1+\cos B) & \cos B-\cos C\cos A \\ 1 & 1/(1+\cos C) & \cos C-\cos A\cos B \end{vmatrix} = 0$$

を示せばよい．左辺を第3列について展開して，

$$= \begin{vmatrix} 1 & 1/(1+\cos A) & \cos A \\ 1 & 1/(1+\cos B) & \cos B \\ 1 & 1/(1+\cos C) & \cos C \end{vmatrix} - \begin{vmatrix} 1 & 1/(1+\cos A) & \cos B\cos C \\ 1 & 1/(1+\cos B) & \cos C\cos A \\ 1 & 1/(1+\cos C) & \cos A\cos B \end{vmatrix} \qquad (4.17)$$

とする．前者の行列式について，第2列から第1列を引き，各行を cos A, cos B, cos C で割り，第1列と第3列を交換すると，

$$-\cos A\cos B\cos C \begin{vmatrix} 1/\cos A & 1/(1+\cos A) & 1 \\ 1/\cos B & 1/(1+\cos B) & 1 \\ 1/\cos C & 1/(1+\cos C) & 1 \end{vmatrix}$$

$$= \begin{vmatrix} 1 & 1/(1+\cos A) & \cos B\cos C \\ 1 & 1/(1+\cos B) & \cos C\cos A \\ 1 & 1/(1+\cos C) & \cos A\cos B \end{vmatrix}$$

となる．これは(4.17)の後者の項と等しく，(4.17)=0 である． ■

他方いくつかの心を結ぶ諸線には，上記の Euler 線，Nagel 線，Soddy 線の他にいくつかがある．図 4.6 で DE, EF, FD の延長と対辺 AB, BC, CA との交点が載る直線を **Gergonne 線**という．この3交点が共線なことは Desargues の定理による．これは Soddy 線と直交する．この事実はもちろん計算によって証明できるが，次のように考えればほぼ自明である．§4.3 で述べるように内接

円はGergonne点Gを「極点」として3辺に接する楕円であり，それについてGはGergonne線 l の極点である．円に対しては，その中心(内心I)とGを結ぶ直線(Soddy線)は，Gの極線に相当する l と直交する．

また第2章演習問題2.2～2.4に略述したとおり，Kiepert点 $P(\theta)$ について，$P(\theta), P(90°-\theta)$，外心O；$P(\theta), P(-\theta)$，Lemoine点L；$P(\theta), P(\theta-90°)$，九点円の中心N；はそれぞれ共線であり，O, L, NはKiepert双曲線に対して自己極三角形をなす．その他多くの結果が知られている．

(b) 新四心

筑波大付属駒場高校の熊倉啓之たちは[1)]，表4.1のような三角形の「心」を導入した．ただし「比心」は筆者の新提案である．熊倉たちは他に「線心」を論じているが，これは大三角形の内心であって，特に目新しい心とはいえない．表4.1の点を，古典的な「五心」に対して，これらを仮に「新四心」とよぶこ

表4.1 熊倉らの新四心

条件	熊倉らの名	筆者の提案名	公式の名
PA+BC=PB+CA=PC+AB	双心	和心	Soddy点
PA−BC=PB−CA=PC−AB	(双心)	差心	外部Soddy点
PA·BC=PB·CA=PC·AB	円心=弧心	積心	Fermat点の等角共役点
PA/BC=PB/CA=PC/AB	——	比心	

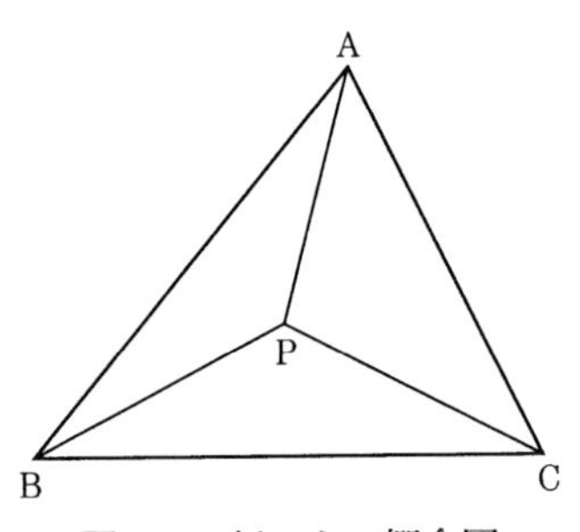

図4.7 新四心の概念図

1) 熊倉啓之・駒野誠・鈴木清夫・吉田昌裕，三角形の「心」に関する一考察，日本数学教育学会誌79，数学教育51巻4号，1997年7月号，p. 219-221.

とにしよう(図 4.7).

①和心：　前節で扱った3頂点 A, B, C を中心として，半径がそれぞれ u, v, w の，互いに外接する3円に囲まれた部分にあり，それらの3円に接する小円の中心である(図 4.2 参照). 熊倉たちは双曲線(A, B からの距離の差が既知)を使って作図したので「双心」とよんだが，前述のとおり，これは定規とコンパスだけで作図できる. 筆者は仮に**和心**とよんだが，**Soddy 点**(詳しくは**内部 Soddy 点**)という名で広く流布しているらしい.

和心の重心座標を求めよう. $\triangle$ABC の内部の点 P の重心座標の比は，三角形の面積比

$$\triangle \mathrm{PBC} : \triangle \mathrm{PCA} : \triangle \mathrm{PAB} = \lambda : \mu : \nu \tag{4.18}$$

で与えられる. この事実はいろいろの形で証明できるが，ベクトル $\overrightarrow{\mathrm{PA}} = \boldsymbol{a}$, $\overrightarrow{\mathrm{PB}} = \boldsymbol{b}$, $\overrightarrow{\mathrm{PC}} = \boldsymbol{c}$ が $\lambda\boldsymbol{a} + \mu\boldsymbol{b} + \nu\boldsymbol{c} = 0$ を満たすことに注意し，この式と $\boldsymbol{a}$, $\boldsymbol{b}$, $\boldsymbol{c}$ との外積をとって，外積ベクトルの長さを面積と解釈するのがわかりやすい.

前節の記号(4.9)などを使うと，P を和心としたとき Heron の公式から，

$$\triangle \mathrm{PBC}\ \text{の面積} = \sqrt{(t+v+w)\,tvw} \tag{4.19}$$

だが，平方根がついていては計算しにくいので，これを開く工夫をする. 共通項 t^2uvw をくくりだすと，根号内は

$$\frac{1}{u}\left(1+\frac{v+w}{t}\right) = \frac{1}{u} + \frac{a}{u}\left(\frac{1}{u}+\frac{1}{v}+\frac{1}{w}+\frac{2}{r}\right)$$

となる((4.9)を代入). これをさらに次のように変形する.

$$\frac{u+a}{u^2} + \frac{a(v+w)}{uvw} + \frac{2a}{ur} = \frac{s}{u^2} + \frac{a^2s}{suvw} + \frac{2a}{ur}$$

ところが Heron の公式により $suvw = S^2 = (sr)^2$ (S は面積)だから，(4.19)は最終的に

$$t\sqrt{\frac{uvw}{s}}\sqrt{\frac{s^2}{u^2}+\frac{a^2}{r^2}+\frac{2as}{ur}} = tr\left(\frac{s}{u}+\frac{a}{r}\right) \tag{4.20}$$

と表わすことができる. すなわち和心の重心座標の比は

$$\frac{s}{u}+\frac{a}{r} : \frac{s}{v}+\frac{b}{r} : \frac{s}{w}+\frac{c}{r} \tag{4.21}$$

と表わされる. これは $(1/u, 1/v, 1/w)$ (Gergonne 点)と (a, b, c) (内心)との一次結合だから，次の結果を意味する.

定理 4.6　和心は Soddy 線上にある．また Heron 三角形(3 辺の長さと面積が整数で表わされる三角形)では，和心の重心座標は有理数で表わされる．

②差心：　前節(4.9)において，末尾の項を $-2/r$ としたときの $1/t_{-}$ の値が負になれば，$|t_{-}|$ は 3 円を外側から包みこむ大円の半径であり，その中心が差心である．差心の重心座標は和心のときとまったく同じで，ただ(4.20)右辺の 2 項の和を差にすればよい．このことから，Gergonne 点，内心，和心，差心は Soddy 線上にあり調和列点をなす．特に和心が Gergonne 点と内心の中点になるのは $1/t_{-}=0$ と同値である．このような現象は鋭角三角形，直角三角形では起こりえない．直角三角形の差心は，斜辺の中点に対する直角の頂点の対称点であって共通な差は 0 であり，比心でもある(比は 1:1)．

しかし鈍角三角形では $1/t_{-}\geqq 0$ が起こりうる．概念的には図 4.8 で示したとおりである．(a)は $t_{-}<0$ のときで，大円の中心 P が差心である．(b)は $1/t_{-}=$

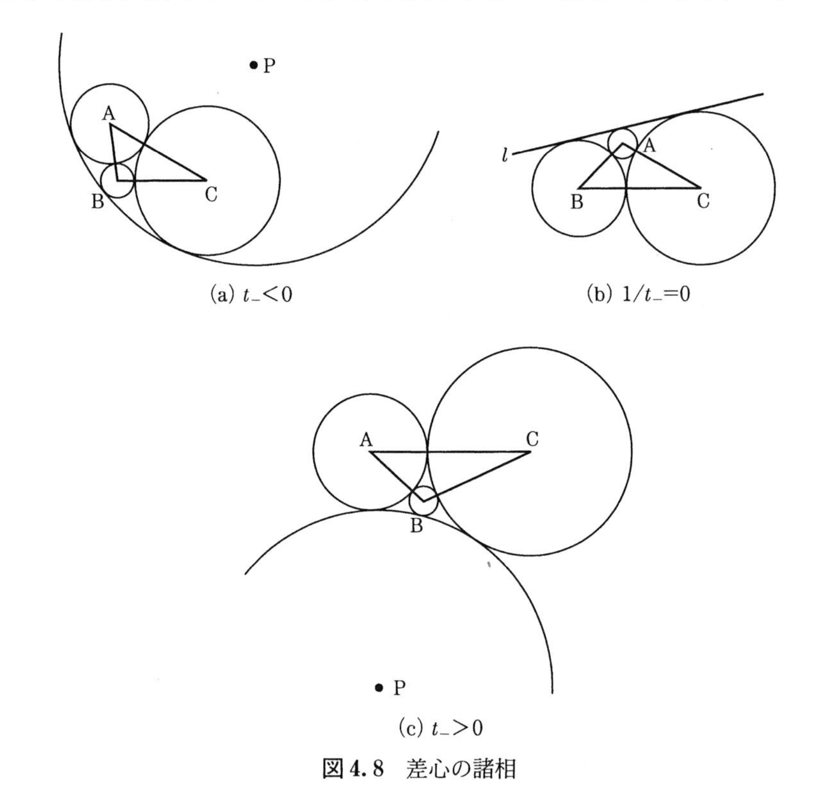

(a) $t_{-}<0$　　(b) $1/t_{-}=0$

(c) $t_{-}>0$

図 4.8　差心の諸相

0のときで，3円は共通外接線 l をもち，差心は存在しない(しいていえば無限遠点である)．(c)は $t_- > 0$ のときで，半径 t_- の円が外部から3円に接する．その中心Pは「第2の和心」である．

このような諸相があるので，「差心」という語は適切でない．**外部 Soddy 点**とよぶほうが無難である．ただし適当に修正すれば，和心と同様に論じることができる．

角A内の傍心は，a を $-a$ に修正して，ほぼ同様に扱うことができる．したがって傍心に対するGergonne点やそれに対するSoddy点も同様に定義できる．それは例えば $\mathrm{PA}-\mathrm{BC}=\mathrm{PB}+\mathrm{CA}=\mathrm{PC}+\mathrm{AB}$ などを満たす点である．その作図には双曲線や楕円を活用してもよいが，前記和心と同様に，定規とコンパスだけで作図可能である．

③積心：　積心はその定義から，2頂点の対に対するApolloniosの円によって作図できる．熊倉たちは「円心」とよんだ．また彼らの「弧心」は

$$\angle\mathrm{BPC}-\angle\mathrm{A} = \angle\mathrm{CPA}-\angle\mathrm{B} = \angle\mathrm{APB}-\angle\mathrm{C} \qquad (4.22)$$

を満足する点である．その意味で「角差心」とよんでもよい．(4.22)の共通の差は60°であり，各辺上の定まった円周角をもつ円弧の交点として作図できる．内角がすべて120°未満の三角形について，以下と同様に扱うことができるが，以下では鋭角三角形に限定する．積心は一般に2個あるが，以下では円内にある点に注目する．

定理4.7　上記の「弧心」は積心と一致する．それはFermat点の等角共役点である．

［証明］　複素数平面を活用する証明もある(筆者は最初そう考えた)が，以下では初等幾何学的な証明をする(図4.9)．

三角形の3辺BC, CA, ABに対する点Pの対称点をU, V, Wとすると，

$$\mathrm{VA} = \mathrm{WA} = \mathrm{PA}, \quad \angle\mathrm{VAW} = 2\angle\mathrm{BAC}, \quad \mathrm{VW} = 2\mathrm{PA}\sin\mathrm{A} \qquad (4.23)$$

である．UW, UVも同様である．正弦定理により，Pが積心なら

$$\mathrm{VW} = \mathrm{UW} = \mathrm{UV}$$

であって，△UVWは正三角形である．特に点Pから3辺に引いた垂線の足D, E, Fも正三角形をなす．また，△AVW, △CUVは二等辺三角形で

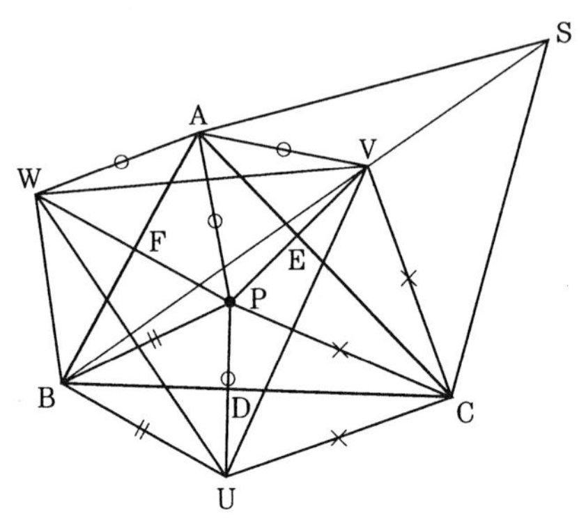

図 4.9 積心の性質

$$\angle \mathrm{AVW} = \angle \mathrm{VWA} = 90^\circ - \angle \mathrm{A}, \quad \angle \mathrm{CVU} = 90^\circ - \angle \mathrm{C}, \quad \angle \mathrm{WVU} = 60^\circ$$

から，

$$\angle \mathrm{APC} = \angle \mathrm{AVC} = 60^\circ + 180^\circ - (\angle \mathrm{A} + \angle \mathrm{C}) = \angle \mathrm{B} + 60^\circ \qquad (4.24)$$

であって，P は弧心の条件(4.22)を満たす．逆に弧心は(4.22)を満足し，$\angle \mathrm{WVU} = 60^\circ$ が成立するから，$\triangle \mathrm{UVW}$ は正三角形で，(4.23)は各辺に共通，したがって P は積心の条件を満たす．

積心が Fermat 点の共角共役点であることは，重心座標に関する計算でもできるが，直接に図形的に証明できる．辺 AC の外側に正三角形 ACS を描くと(図 4.9)，積心 P は

$$\mathrm{CP} \cdot \mathrm{AB} = \mathrm{BP} \cdot \mathrm{AC}, \quad \text{すなわち} \quad \mathrm{BP} : \mathrm{CP} = \mathrm{AB} : \mathrm{AS}$$

を満たす．さらに上記の証明により

$$\angle \mathrm{BAS} = \angle \mathrm{A} + 60^\circ = \angle \mathrm{BPC}$$

だから，$\triangle \mathrm{ABS}$ は $\triangle \mathrm{PBC}$ と相似であり，$\angle \mathrm{ABS} = \angle \mathrm{PBC}$ である．Fermat 点は線分 BS 上にある．他の角も同様であって，互いに等角共役点になる． ∎

Apollonios の円によって積心を作図すると，第 2 の積心がえられる．それは同様にして第 2 Fermat 点の等角共役点である．

④比心： 和・差・積が共通な心があるなら，「比心」を考えたくなる．「商心」とよぶべきかもしれないが，音が悪い(昇進はよいが，小心・傷心・焼身にも通じる)ので**比心**とよぶことにする．以下に示すように，これは鈍角三角形には存在せず，鋭角三角形には 2 個存在するなど，「中心」とよぶには問題があ

る．上記の事実は，Apollonios の円によって作図を試みるとき，鈍角三角形では目的の円が交わらないことから確かめられる．

補助定理 4.8　三角形の外心 O を起点とするベクトル

$$\overrightarrow{\mathrm{OA}} = \boldsymbol{a}, \quad \overrightarrow{\mathrm{OB}} = \boldsymbol{b}, \quad \overrightarrow{\mathrm{OC}} = \boldsymbol{c}$$

によって $\alpha\boldsymbol{a}+\beta\boldsymbol{b}+\gamma\boldsymbol{c}$ で表わされるベクトルの長さの 2 乗は，外接円の半径を R，3 辺の長さを a, b, c とするとき

$$R^2(\alpha+\beta+\gamma)^2-(\beta\gamma a^2+\gamma\alpha b^2+\alpha\beta c^2) \tag{4.25}$$

と表わされる．

［証明］　ベクトルの長さが $\|\boldsymbol{a}\|=\|\boldsymbol{b}\|=\|\boldsymbol{c}\|=R$，内積が

$$\boldsymbol{a}\cdot\boldsymbol{b} = R^2\cos 2\mathrm{C} = R^2(1-2\sin^2\mathrm{C}) = R^2-\frac{c^2}{2}$$

であることに注意して，$\|\alpha\boldsymbol{a}+\beta\boldsymbol{b}+\gamma\boldsymbol{c}\|^2$ を展開して整理すればよい．■

この結果は一般的に重心座標で表わされる 2 点間の距離を計算するのに有用である．

補助定理 4.9　△ABC の 3 辺を a, b, c，外接円の半径を R，$\sigma^2=a^2+b^2+c^2$ とおくとき，次の関係が成立する．

$$\begin{aligned} &0 < \sigma/R \leqq 3; \\ &\sigma/R = 3 \quad \longleftrightarrow \quad \text{正三角形} \\ &2\sqrt{2} < \sigma/R \quad \longleftrightarrow \quad \text{鋭角三角形} \\ &2\sqrt{2} = \sigma/R \quad \longleftrightarrow \quad \text{直角三角形} \\ &2\sqrt{2} > \sigma/R \quad \longleftrightarrow \quad \text{鈍角三角形} \end{aligned} \tag{4.26}$$

［証明］　(4.26) の第 1，第 3，第 4 の関係は直接に証明できる．最初の不等式および $\sigma/R=3$ が正三角形に限ることは，補助定理 4.8 で点 P を重心 ($\alpha=\beta=\gamma=1/3$) にとると，

$$0 \leqq \mathrm{OP}^2 = R^2-(a^2+b^2+c^2)/9$$

となることから示される．他の関係式は次のようにして証明できる．まず，等式 $abc=4RS$ (S は面積) の 2 乗に Heron の公式を適用すると，

$$\begin{aligned} \frac{\sigma^2}{R^2} &= \frac{a^2+b^2+c^2}{R^2} \\ &= \frac{1}{a^2b^2c^2}(a^2+b^2+c^2)(-a^4-b^4-c^4+2a^2b^2+2b^2c^2+2c^2a^2) \end{aligned}$$

となる．これから 8 を引いた式の分子は

$$(a^2+b^2+c^2)[-(a^2+b^2+c^2)^2]+4(a^2+b^2+c^2)(a^2b^2+b^2c^2+c^2a^2)-8a^2b^2c^2$$
$$=(a^2+b^2+c^2-2a^2)(a^2+b^2+c^2-2b^2)(a^2+b^2+c^2-2c^2)$$
$$=(-a^2+b^2+c^2)(a^2-b^2+c^2)(a^2+b^2-c^2)$$

と変形できる．したがって，σ^2/R^2 は，鋭角三角形，直角三角形，鈍角三角形に応じて >8, $=8$, <8 である． ∎

定理 4.10 正三角形でない鋭角三角形には，比心が 2 個あって，ともに Euler 線上にある．直角三角形のときは比心は重なった 1 点で，差心(de Longchamps 点)と一致する．

［証明］ 比心は Apollonios の円の交点として，最大 2 個だから，Euler 線上に条件を満たす 2 点があることを示す．Euler 線上の点 P は，補助定理 4.8 の記号により，ある定数 λ について $\lambda(\boldsymbol{a}+\boldsymbol{b}+\boldsymbol{c})$ と表わされ，補助定理 4.9 から

$$\mathrm{AP}^2=(3\lambda-1)^2R^2-[\lambda(\lambda-1)(b^2+c^2)+\lambda^2a^2]$$
$$=(3\lambda-1)^2R^2-\lambda(\lambda-1)\sigma^2-\lambda a^2$$

である．したがって，$\lambda\,(<0)$ が

$$(3\lambda-1)^2R^2-\lambda(\lambda-1)\sigma^2=0 \tag{4.27}$$

を満足すれば，$\mathrm{AP}/\mathrm{BC}=\mathrm{BP}/\mathrm{CA}=\mathrm{CP}/\mathrm{AB}=\sqrt{-\lambda}$ であって，P は比心である．(4.27) を λ の 2 次方程式とみると，

$$(9R^2-\sigma^2)\lambda^2-(6R^2-\sigma^2)\lambda+R^2=0$$
$$\lambda=\frac{6R^2-\sigma^2\pm\sqrt{D}}{2(9R^2-\sigma^2)},\quad D=(6R^2-\sigma^2)^2-4R^2(9R^2-\sigma^2)=\sigma^2(\sigma^2-8R^2)$$

である．補助定理 4.8 から，正三角形でなければ $9R^2-\sigma^2>0$ であり，鈍角三角形では $D<0$ で実数解はない．直角三角形なら $\lambda=-1$ が 2 重解になる．これは 3 頂点と併せて長方形をなす点で，外心に対する垂心の対称点，すなわち de Longchamps 点である．鋭角三角形のときは $6R^2-\sigma^2<0$ で，λ は 2 実解とも負であり，ともに比心の条件を満たす． ∎

正三角形のときは一方が中心と一致し，他方はしいていえば無限遠点である．鋭角三角形の 2 個の比心のうち外側の点($-\sqrt{D}$ に対応)は遠くにあり，内側の点($+\sqrt{D}$ に対応)も，正三角形に近い場合を除いて三角形の外部にある．

この他 3 頂点に関してある量が共通という意味での「心」がいくつか考えら

れる．次に掲げる点がその例である．しかしこれらはいずれも既知の点であり，特に目新しい心とはいえない．

2乗和心：$PA^2+BC^2 = PB^2+CA^2 = PC^2+AB^2$　（垂心）

2乗差心：$PA^2-BC^2 = PB^2-CA^2 = PC^2-AB^2$　（de Longchamps 点）

角和心：$\angle BPC+\angle A = \angle CPA+\angle B = \angle APB+\angle C (=180°)$　（垂心）

なお垂心にはさらにいろいろの特性がある．そのあるものは，3頂点 A, B, C と垂心 H とが，「平面に退化した直辺四面体」（§4.4(c)参照）とみなしてよいことと関連している．

§4.3　三角形と2次曲線

(a)　3辺に接する楕円

三角形と2次曲線の関係は，Kiepert 双曲線（演習問題2.4参照）などいろいろあるが，ここでは3辺に接する楕円を考察する．辺との接点を D, E, F とする．楕円は周上の5点で定まる．接線は「無限に近い」2点を結ぶ直線とみなすことができるので，接点と接線を与えることは6点に関する条件を課すことになるから，その6点が Pascal の六角形の条件（第3章，系3.5）を満たさなければならない．この場合にはそれは

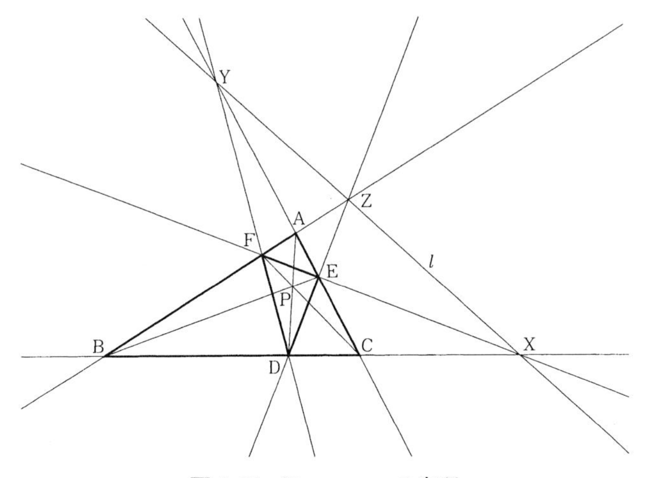

図4.10　Desargues の定理

AB と DE, BC と EF, CA と FD (いずれも延長)

の交点 Z, X, Y が同一直線 l (Pascal 線)上にあるという条件である. △ABC と △DEF に Desargues の定理を適用すると, これは 3 直線 AD, BE, CF が 1 点 P で交わることを意味する(図 4.10). P は l の極点(§3.1(c))に相当する.

あるいは Brianchon の定理において, 六角形とみなした AFBDCE が三角形に退化し, AD, BE, CF が 1 点 P で交わると解釈してもよい. 以上は一般論であるが, 以下に述べる特別な楕円として, Olmstead の楕円, Gauss の楕円, および内接円は,「極点」をそれぞれ外心の等長共役点, 重心, および Gergonne 点にとった場合に相当する.

さて§2.2(a), 例 2.7 で述べたとおり, 定円 O の内部に中心以外の 1 点 K を固定し, 円周上の動点 P について, 線分 KP の垂直二等分線を作ると, その包絡線は, 2 定点 O, K を焦点とする楕円である.

△ABC を鋭角三角形とし, 円 O をその外接円とし, 定点 K を垂心 H にとる(図 4.11). そのとき動点 P が AH, BH, CH の延長と円 O との交点にきたとき, HP の垂直二等分線はそれぞれ辺 BC, CA, AB と一致し, この楕円は 3 辺に接する. この楕円には特に名がないが, 仮に, **Olmstead の楕円**[1] とよぶこ

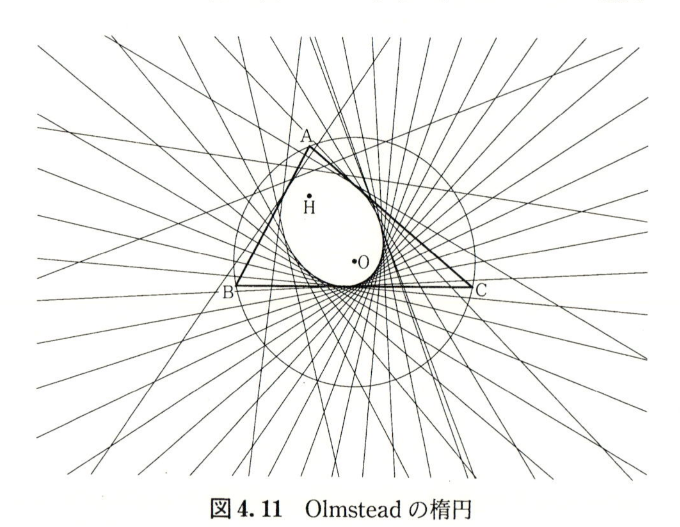

図 4.11 Olmstead の楕円

1) E. Olmstead, Euler's line——more than you wanted to know, T^3 International Conference, Nashville, Tenn., 2003 年 3 月 7 日の講演で知った.

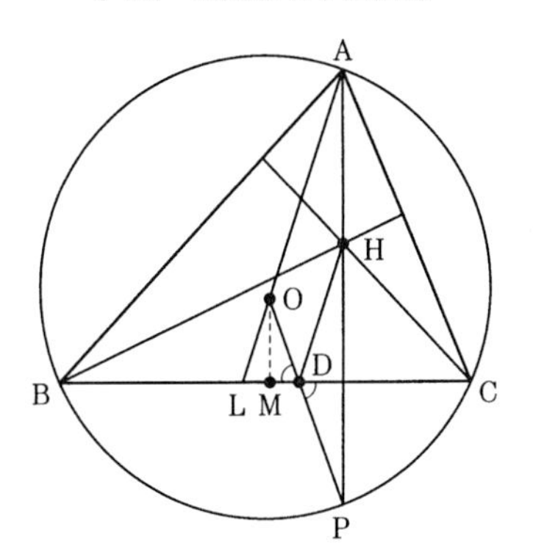

図 4.12　Olmstead 楕円の接点の説明

とにする．

定理 4.11　Olmstead の楕円は九点円を補助円とする．それが3辺 BC, CA, AB と接する点を D, E, F とすると，3直線 AD, BE, CF は1点 Q で交わり，Q は外心の等長共役点である．

［略証］　AD, BE, CF が1点 Q で交わることは前述のとおりだが，それが外心 O の等長共役点であることを示す(図 4.12)．辺 BC と接する点を D，AO の延長が BC と交わる点を L，辺 BC の中点を M，AH の延長がふたたび外接円と交わる点を P とする．H, P は辺 BC について対称であり，楕円の接線の性質から

$$\angle \mathrm{ODB} = \angle \mathrm{HDC} = \angle \mathrm{CDP}$$

であって，D は BC と OP との交点でもある．

$$\angle \mathrm{LOM} = \angle \mathrm{OAP}(\text{同位角}) = \angle \mathrm{APO} = \angle \mathrm{DOM}(\text{錯角})$$

から，LM＝MD で，D は M に対する L の対称点になる．他の辺との接点 E, F も同様なので，交点 Q は外心 O の等長共役点である．Olmstead の楕円の焦点は O と H，中心はその中点である九点円の中心であり，長軸の長さは

$$\mathrm{OD}+\mathrm{DH} = \mathrm{OD}+\mathrm{DP} = \mathrm{OP} = 2\times\text{九点円の半径}$$

である．したがって九点円がその補助円である．　■

△ABC が直角三角形ならば，Olmstead の楕円は外心1点に退化する．鈍角三角形ならば，H が外接円の外部にあるために双曲線となる．このとき接点 D, E, F について，AD, BE, CF が外心の等長共役点で交わるという性質が成立

し，同様に証明できる．このとき鈍角をはさむ2辺との接点は，その辺の延長上にある．

(b) Gaussの楕円

これは極点P_0が重心，Pascal線が無限遠直線の場合に相当する．すなわち△ABCの各辺の中点においてその辺に接する楕円を**Gaussの楕円**とよぶ．これについて少し別の面から考察する．2次式$f(x)=(x-\alpha)(x-\beta)$に対し，導関数$f'(x)$の零点はその中点である．3次式$f(x)=(x-\alpha)(x-\beta)(x-\gamma)$に対し，その導関数$f'(x)$の2個の零点は，$\alpha, \beta, \gamma$を複素数として点A, B, Cを表わすとするとき，複素数平面上の三角形ABCについてどのような幾何学的意味をもつか？　これについてGaussが次の結果を示している．

定理4.12 複素数平面上のα, β, γで表わされる3点A, B, Cが三角形をなすとする．このとき$f(x)=(x-\alpha)(x-\beta)(x-\gamma)$の導関数$f'(x)=3x^2-2(\alpha+\beta+\gamma)x+(\alpha\beta+\beta\gamma+\gamma\alpha)$の零点P, Qは，△ABCに対するGaussの楕円の2焦点を表わす(図4.13)．

［証明］ $f'(x)=0$の解は

$$\xi_\pm = \frac{1}{3}[(\alpha+\beta+\gamma)\pm\sqrt{\varDelta}] \tag{4.28}$$

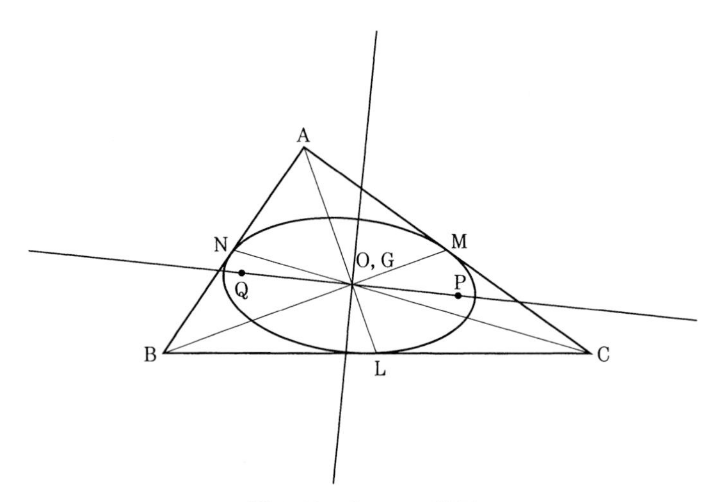

図4.13 Gaussの楕円

$$\varDelta = (\alpha+\beta+\gamma)^2-3(\alpha\beta+\beta\gamma+\gamma\alpha) = \alpha^2+\beta^2+\gamma^2-\alpha\beta-\beta\gamma-\gamma\alpha$$

と表わされる．ここで$\varDelta=0$は$\triangle$ABCが正三角形をなすことと同値であり，そのときには$\xi_\pm$は中心と一致するから，以後そうでない場合を扱う．P, Qは重心Gに対して対称点である．それらがGaussの楕円の焦点であることは楕円の性質と比べて，

$$\mathrm{PL}+\mathrm{QL}\text{ が }\alpha, \beta, \gamma\text{ について対称式} \tag{4.29}$$

$$\angle\mathrm{PLB} = \angle\mathrm{CLQ} \qquad (\text{向きをこめて}) \tag{4.30}$$

を証明すればよい．

図形を平行移動して重心Gを原点$\alpha+\beta+\gamma=0$としても一般性を失わない．そのとき

$$\varDelta = \frac{3}{2}(\alpha^2+\beta^2+\gamma^2) = 3(\beta^2+\beta\gamma+\gamma^2)$$

と表わされる．中線定理により

$$\mathrm{PL}^2+\mathrm{QL}^2 = 2\,\mathrm{PO}^2+2\,\mathrm{OL}^2 = \frac{2}{9}|\varDelta|+\frac{1}{9}\left(b^2+c^2-\frac{a^2}{2}\right)$$

である．ここで$a=|\beta-\gamma|$, $b=|\gamma-\alpha|$, $c=|\alpha-\beta|$である．他方

$$\begin{aligned}\mathrm{PL}\cdot\mathrm{QL} &= \left|\left(\frac{\sqrt{\varDelta}}{3}-\frac{\beta+\gamma}{2}\right)\left(-\frac{\sqrt{\varDelta}}{3}-\frac{\beta+\gamma}{2}\right)\right| \\ &= \left|\frac{1}{4}(\beta^2+2\beta\gamma+\gamma^2)-\frac{\varDelta}{9}\right| = \left|-\frac{1}{12}\beta^2-\frac{1}{12}\gamma^2+\frac{1}{6}\beta\gamma\right| \\ &= \left|-\frac{(\beta-\gamma)^2}{12}\right| = \frac{1}{12}|\beta-\gamma|^2 = \frac{a^2}{12}\end{aligned} \tag{4.31}$$

である．したがってP, Qからの距離の和は

$$(\mathrm{PL}+\mathrm{QL})^2 = \frac{2}{9}|\varDelta|+\frac{1}{9}(b^2+c^2+a^2)$$

と表わされ，α, β, γについて対称式になる．これで(4.29):

$$\mathrm{PL}+\mathrm{QL} = \mathrm{PM}+\mathrm{QM} = \mathrm{PN}+\mathrm{QN}$$

が示され，L, M, NはP, Qを焦点とする楕円の上にある．その長軸の長さは，$2|\varDelta|+(a^2+b^2+c^2)$の平方根の1/3に等しい．

次に(4.30)は，偏角の向きを考えると

$$\left(-\frac{\sqrt{\varDelta}}{3}-\frac{\beta+\gamma}{2}\right)\cdot\left(\frac{\sqrt{\varDelta}}{3}-\frac{\beta+\gamma}{2}\right)\Big/\left(\frac{\beta-\gamma}{2}\cdot\frac{\gamma-\beta}{2}\right)$$

が実数であることを示せばよい．しかし(4.31)の計算式から，この式の値は $1/3>0$ であり，証明できた． ▮

系 4.3　Gauss の楕円の主軸の方向は，直角双曲線である Kiepert 双曲線の漸近線の方向と平行である．

［略証］　平面を複素数平面とし，△ABC の 3 頂点を

$$\alpha = u_1+\mathrm{i}v_1, \quad \beta = u_2+\mathrm{i}v_2, \quad \gamma = u_3+\mathrm{i}v_3 \tag{4.32}$$

とおく．平行移動して重心を原点にとる．$z=x+\mathrm{i}y$ とすると，Kiepert 双曲線は 5 点：重心，垂心，3 頂点を通るので，その方程式は，これらを通る 2 次曲線として

$$x^2-y^2+2hxy+2gx+2fy = 0$$

と表わすことができる．これが α, β, γ を通り，$\alpha+\beta+\gamma=0$ から

$$2h(u_1v_1+u_2v_2+u_3v_3)+(u_1{}^2+u_2{}^2+u_3{}^2)-(v_1{}^2+v_2{}^2+v_3{}^2) = 0$$

である．双曲線の漸近線の方向を表わす偏角 ϕ は，

$$\tan 2\phi = -\frac{1}{h} = \frac{\mathrm{Im}(\alpha^2+\beta^2+\gamma^2)}{\mathrm{Re}(\alpha^2+\beta^2+\gamma^2)} \tag{4.33}$$

と表わされる．Re, Im は複素数の実部，虚部を表わす．他方 Gauss の楕円の主軸の方向の偏角 θ は，(4.28)から

$$2\theta = \arg \varDelta = \arg(\alpha^2+\beta^2+\gamma^2) = 2\phi$$

である．したがってその半分である，互いに直交する両方向も一致する． ▮

3 次式の零点とその導関数の零点とは，上記のような鮮やかな関係にある．では 4 個の複素数 $\alpha, \beta, \gamma, \delta$ と，積の導関数(3 次式)

$$\frac{\mathrm{d}}{\mathrm{d}x}[(x-\alpha)(x-\beta)(x-\gamma)(x-\delta)]$$

の 3 個の零点の間にどのような幾何学的関係があるか？　これはおもしろい課題だが未解決のようである．

次に Gauss の楕円とやや意外な関連を述べる．

定理 4.13　任意の三角形は，3 次元空間内の適当な正三角形を，その平面上への正射影として実現できる．その正三角形を，定規とコンパスで作図することもできる．

［略証］　直接に証明できるが，少しまわり道をする．

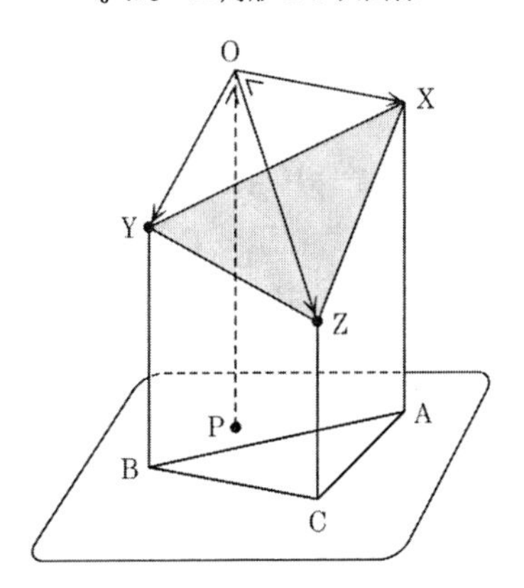

図 4.14　正三角形の射影

3次元空間に互いに直交して長さ l が等しい3本のベクトル $\overrightarrow{OX}, \overrightarrow{OY}, \overrightarrow{OZ}$ があるとする．△XYZ は正三角形をなす．これを複素数平面に正射影し，O, X, Y, Z の像をそれぞれ $P(\xi=s+\mathrm{i}t)$, $A(\alpha)$, $B(\beta)$, $C(\gamma)$ とする(図 4.14)．括弧内はその点を表わす複素数である．α, β, γ を(4.32)で表わす．△ABC をきめて，このように作られる点 P を求める．

補助定理 4.14　この点 P は，重心に関して，Gauss の楕円の焦点を 90° 回転し $\sqrt{2}$ 倍した点である．

[補助定理の証明]　点 O, X, Y, Z の3次元座標をそれぞれ (s, t, r), (u_1, v_1, w_1), (u_2, v_2, w_2), (u_3, v_3, w_3) とおく．仮定から3次の行列

$$U = \begin{pmatrix} u_1-s & u_2-s & u_3-s \\ v_1-t & v_2-t & v_3-t \\ w_1-r & w_2-r & w_3-r \end{pmatrix}$$

は，$U^{\mathrm{T}}\cdot U=l^2I$ を満たす．ここに U^{T} は U の転置行列，I は単位行列を表わす．$(1/l)U$ は直交行列であり，その逆行列は $(1/l)U^{\mathrm{T}}$ だから

$$U\cdot U^{\mathrm{T}} = l^2 I$$

である．これは3本のベクトル

$$(u_1-s, u_2-s, u_3-s), \quad (v_1-t, v_2-t, v_3-t), \quad (w_1-r, w_2-r, w_3-r)$$

が互いに直交して長さが l に等しいことを意味する．

このうち最初の2個は

$$(u_1-s)^2+(u_2-s)^2+(u_3-s)^2 = l^2$$
$$(v_1-t)^2+(v_2-t)^2+(v_3-t)^2 = l^2$$
$$(u_1-s)(v_1-t)+(u_2-s)(v_2-t)+(u_3-s)(v_3-t) = 0$$

という関係式である．これは複素数によって

$$(\alpha-\xi)^2+(\beta-\xi)^2+(\gamma-\xi)^2 = 0$$

とまとめることができる．これから ξ は，2次方程式

$$3\xi^2-2(\alpha+\beta+\gamma)\xi+(\alpha^2+\beta^2+\gamma^2) = 0$$

の解である．△ABC の重心を原点にとれば，前の記号で

$$\xi = \pm\sqrt{-\frac{1}{3}(\alpha^2+\beta^2+\gamma^2)} = \pm\frac{\sqrt{2}\,\mathrm{i}}{3}\sqrt{\varDelta} \tag{4.34}$$

に等しい．Gauss の楕円の焦点が $\pm\sqrt{\varDelta}/3$ と表わされ，ξ がその $\sqrt{2}\,\mathrm{i}$ 倍だから，補助定理 4.14 をえる． ∎

さて定理 4.13 は，△ABC を複素数平面上におき，重心を原点にとり3頂点を複素数 α, β, γ で表わし，(4.32)のようにおくと，次のようにして示すことができる．(4.34)で与えられる点 $\xi=s+\mathrm{i}t$（幾何学的意味は補助定理 4.14 のとおり）をとると，3次元ベクトル

$$(u_1-s, u_2-s, u_3-s), \quad (v_1-t, v_2-t, v_3-t) \tag{4.35}$$

は長さ l が等しくて直交する．l が所要の正三角形の1辺の長さを表わす．(4.35)に直交する長さ l のベクトル(例えば両者の外積$/l$)を (w_1, w_2, w_3) とすれば，A, B, C に対して高さがそれぞれ w_1, w_2, w_3 である点 X, Y, Z が所要の正三角形を与える． ∎

3次元方向の高さには付加定数の自由度があるから，重心の高さを0として一般性を失わない．

§4.4 四面体幾何

3次元空間の四面体(三角錐)は，平面の三角形の拡張だが，同様に扱うことができる面と，性質が異なる面とがある．最初の項で一般的性質を論じ，次の2項で特別な2種の四面体を扱う．前者では，平行六面体への埋め込みと，6辺から体積を計算する公式(空間の Heron の公式)を述べる．

平面三角形の不等式(最大最小問題)では,「等号は正三角形に限る」という場合が多い．しかし四面体では正四面体は特殊すぎ，一般の四面体との中間に，2種類の特別な四面体がある．表4.2に要点を示した．それは一般の平行四辺形と特別な正方形との中間に，長方形と菱形という2種の特徴ある平行四辺形の族があるのと似ている．その2種：等積四面体と直辺四面体とについて，特徴的な性質を後の2項で論じる．等積四面体かつ直辺四面体であるのは，正四面体に限る．以下の記述に§2.3(a)と若干の重複がある．

表4.2　2種の特別な四面体

	等積四面体	直辺四面体
対辺	等長	2乗の和が共通
面	合同な鋭角三角形	(特に特徴なし)
対辺の中点を結ぶ線分	互いに直交	等長
包接平行六面体	直方体	菱形六面体
心の特徴	重心，外心，内心が一致	狭義の垂心が存在
頂点から対面への垂線の足	de Longchamps 点	垂心
内包八面体の軸	直交	等長

(a)　概論

①　体積の公式

定理4.15　四面体ABCDに対し，辺の長さを $\mathrm{BC}=a$, $\mathrm{CA}=b$, $\mathrm{AB}=c$, $\mathrm{DA}=p$, $\mathrm{DB}=q$, $\mathrm{DC}=l$ とおく．このときその体積 V は次の式で表わされる．

$$\begin{aligned}(12V)^2 = {} & a^2p^2(b^2+c^2+q^2+l^2-a^2-p^2) \\ & +b^2q^2(c^2+a^2+l^2+p^2-b^2-q^2) \\ & +c^2l^2(a^2+b^2+p^2+q^2-c^2-l^2) \\ & -a^2b^2c^2-a^2q^2l^2-b^2l^2p^2-c^2p^2q^2 \end{aligned} \tag{4.36}$$

右辺は六斜術の式の両辺の差と同じ形である．**Eulerの公式**ともいう．

［証明］　頂点を座標で表わし，体積を表わす行列式をとり，もとの行列とその転置行列の積を作り，成分を辺の長さの2乗で表わした行列式を展開するのが，直接の証明である．しかしここでは，六斜術(定理4.1)を既知として証明する．

Dから対面ABCに引いた垂線をDHとし，その長さを h とする．$\mathrm{AH}^2=p^2$

$-h^2$, $BH^2=q^2-h^2$, $CH^2=l^2-h^2$ である．△ABC と H に六斜術の式を適用して，それを h^2 について解く．このとき h^4 の項は，係数が $-3+3=0$ で消える．残りは，(4.36)の右辺が次の項に等しいという形になる．

$$\begin{aligned}&h^2[a^2(b^2+c^2-a^2)+a^2(q^2+l^2-p^2+p^2)+b^2(c^2+a^2-b^2)\\&+b^2(l^2+p^2-q^2+q^2)+c^2(a^2+b^2-c^2)+c^2(p^2+q^2-l^2+l^2)\\&-a^2(q^2+l^2)-b^2(l^2+p^2)-c^2(p^2+q^2)]\\&\quad=h^2(-a^4-b^4-c^4+2a^2b^2+2b^2c^2+2c^2a^2)\end{aligned} \tag{4.37}$$

(4.37)の最後の括弧内は，Heron の公式により △ABC の面積を S とすると，$16S^2$ に等しい．$V=hS/3$ から，(4.37)の右辺は $(4hS)^2=(4\times 3V)^2$ に等しく，それが(4.36)の右辺に等しい． ∎

系 4.4 四面体 ABCD において，$p=a$, $q=b$, $l=c$ (後述の等積四面体)ならば，体積は次の式で与えられる．

$$72V^2=(-a^2+b^2+c^2)(a^2-b^2+c^2)(a^2+b^2-c^2) \tag{4.38}$$

この右辺が正であることから，このときは各面が鋭角三角形である．

［略証］ (4.36)に $p=a$, $q=b$, $l=c$ を代入すると

$$72V^2=a^4(b^2+c^2-a^2)+b^4(c^2+a^2-b^2)+c^4(a^2+b^2-c^2)-2a^2b^2c^2$$

をえる．この右辺を因数分解する．展開して対称式として計算してもよいが，第2項以下をまとめかえると

$$\begin{aligned}72V^2&=a^4(b^2+c^2-a^2)+a^2(b^2-c^2)^2-(b^4-c^4)(b^2-c^2)\\&=(-a^2+b^2+c^2)[a^4-(b^2-c^2)^2]\\&=(-a^2+b^2+c^2)(a^2-b^2+c^2)(a^2+b^2-c^2)\end{aligned}$$

をえる． ∎

系 4.4 は直接に直方体への埋め込みからも証明できる(後述，系 4.5)．

② 主要な心

外心(外接球の中心)，内心(内接球の中心)，および重心は，任意の四面体に存在する．傍心も存在し，1つの頂点から出る三角錐内部の傍心は三角形の場合と同様である．垂心はそのままの形では必ずしも存在しない(後述)．

定理 4.16 四面体 ABCD の各辺 BC, CA, AB, DA, DB, DC の中点をそれぞれ J, K, L, M, N, P とすると，相対する辺の中点同士を結ぶ線分 JM, KN, LP は，互いにその中点 G で交わる．G は ABCD の**重心**である．AG, BG, CG,

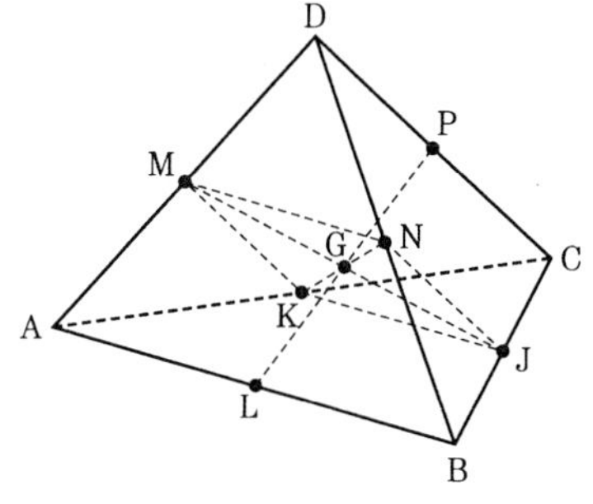

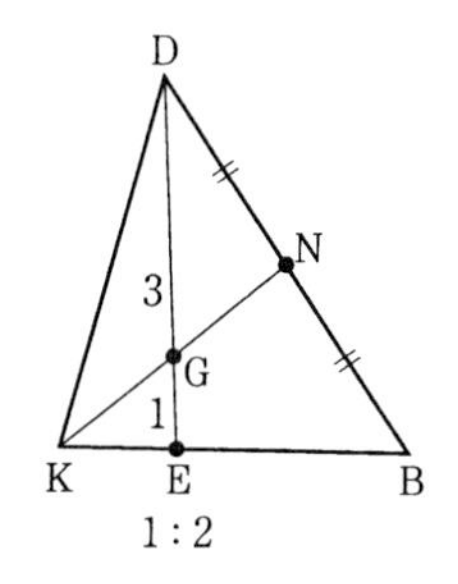

図 4.15　四面体の重心

DG の延長が対面と交わる点は，その面の三角形の重心であり，G はその線分を 3:1 に内分する(図 4.15).

［略証］ ベクトルを活用して，G の位置ベクトルが，4 頂点を表わすベクトルの平均であることを示せばほぼ自明である．初等幾何学的には，例えば JK と MN とがともに辺 BC と平行で長さがその半分なので，JKMN が平面上の平行四辺形であることに注目する．その対角線 JM と KN は互いに他の中点で交わる．LP についても同様である．そして直線 DG は △DKB の面上にあり，DG の延長が △ABC の面と交わる点 E は中線 BK 上にある．DG は平面 DAJ, DCL 上にもあるから，E は △ABC の重心である．DG:EG=3:1 は △DEB を直線 KGN で切ったとして Menelaos の定理を適用すればよい． ∎

定理 4.17　四面体に対し，各頂点から対面に引いた垂線は，一般にねじれの位置にあって必ずしも交わらない．しかし各辺の中点を通って対辺に垂直な 6

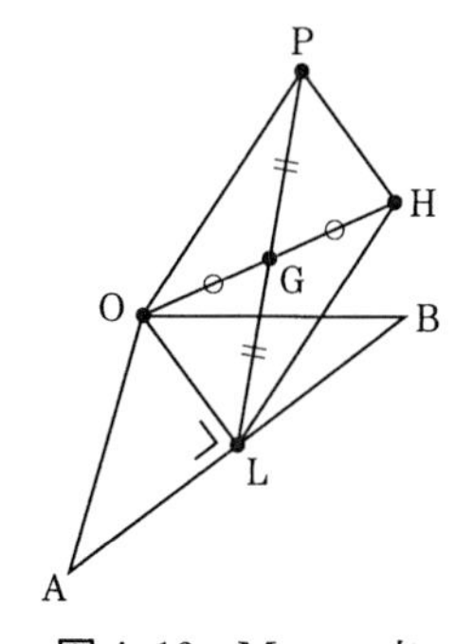

図 4.16　Monge 点

枚の平面は1点Hで交わる．これを**Monge点**という(図4.16)．Monge点H，重心G，外心Oは同一直線上にあり，GはHOの中点である．この直線を四面体の**Euler線**という．

これは演習問題2.10で扱ったが，以下に必要なので証明しておく．

［略証］ 重心Gに対する外心Oの対称点をHとし，前定理の記号を使う．四角形POLHは対角線が互いに中点で交わるから平行四辺形である．PHはOLに平行だが，OA＝OB，LはABの中点なのでOL⊥AB，したがってPH⊥ABであり，Pを通ってABに垂直な平面はPHを含む．他の面も同様であって，これら6枚の平面は同一点Hで交わる． ∎

平面のEuler線では重心は外心と垂心を結ぶ線分を1:2の比に内分する．四面体ではそれが1:1である．

③ 包接平行六面体

底面が平行四辺形である斜柱を**平行六面体**という．相対する面は互いに平行で，合同な平行四辺形からなり，12本の辺は4本ずつ平行で等長である．平面の平行四辺形に該当する．特にすべての辺が直交し，各面が長方形であるとき**直方体**(cuboid)という．またすべての辺が等長で各面が菱形のとき，**菱形六面体**という．直方体かつ菱形六面体である図形は**立方体**(正六面体)である．

定理4.18 任意の四面体ABCDは，平行六面体に埋め込んで，その一つおきの頂点を結んだ形に表現できる．その平行六面体を**包接平行六面体**という．このとき四面体の体積は包接平行六面体の体積の1/3に等しい．

［略証］ 四面体の重心をGとし，各頂点の重心に対する対称点をA′B′C′D′とする．AB′CD′-A′BC′Dが包接平行六面体であることを示す．A′C′∥ACであり，辺ACの中点KはGに対して辺BDの中点Nの対称点だから，A′C′とBDとは互いにその中点Nで交わり，四角形A′BC′Dは平行四辺形である．他の面も同様である．

四面体ABCDは包接平行六面体から4個の隅の三角錐A′BCD, B′CDA, C′DAB, D′ABCを切り落とした残りである．隅の三角錐は，高さが等しく底面積が半分だから，体積はそれぞれ包接平行六面体の1/6である．四面体の体積は$1-4/6=1/3$になる． ∎

他方四面体の各辺の中点を結ぶと，対面が互いに合同な三角形からなる**内包**

八面体ができる．その6頂点を重心Gと結ぶと，Gを原点とする3軸不等の斜交軸ができる．この座標軸を3本のベクトルで表わすと，一般論で有用なことが多い．内包八面体の体積はもとの四面体の体積の半分に等しい．

(b)　等積四面体

等積四面体の本来の定義は，「4面の面積が等しい四面体」である．しかしそのとき，4面は互いに合同な鋭角三角形に限る．これは**Banの定理**とよばれる基本定理である．証明には計算による方法，ベクトル積を活用する方法など，多数知られている．ここでは少しまわり道だが，以下のように同値な条件をまとめて証明する．

定理4.19　四面体について以下の条件は同値である．

0°　4面の面積が等しい(等積四面体)．

1°　直方体の一つおきの頂点を結んでできる．

2°　相対する辺の中点同士を結ぶ3線分が互いに直交する．

3°　相対する辺の長さがそれぞれ等しい．

4°　4面が互いに合同な鋭角三角形である．

5°　各頂点で交わる三角形の3内角の和が180°である．

6°　展開図が，鋭角三角形の3辺の中点を結んだ形になる．

7°　四面体としての内心，外心，重心が一致する．(じつは2点が一致すれば，他も同じ点になる．)

[証明]　四面体を平行六面体に埋め込む操作(定理4.18)により，1°と2°は同値，また5°と6°は同値である．まず0°→1°を示す．1°→4°→3°→5°→0°；1°→7°はほぼ明らかである．

0°→1°の証明：　定理4.18により四面体ABCDを平行六面体ABCD-A′B′C′D′に埋め込んだとき，これが直方体であることを示す．頂点A, Bから対辺CDに引いた垂線をAE, BFとし，A, Bから面A′CB′Dに引いた垂線をAH, BKとする．△AHE, △BKFは直角三角形であり，AHとBKとは平行な面AC′BD′とA′CB′Dとの間隔だから相等しい．また△ACD, △BCDが等面積だから，AE＝BF．したがってこの両直角三角形は合同であって，EH＝FKである(図4.17；右図はこの部分を裏側から見た形)．

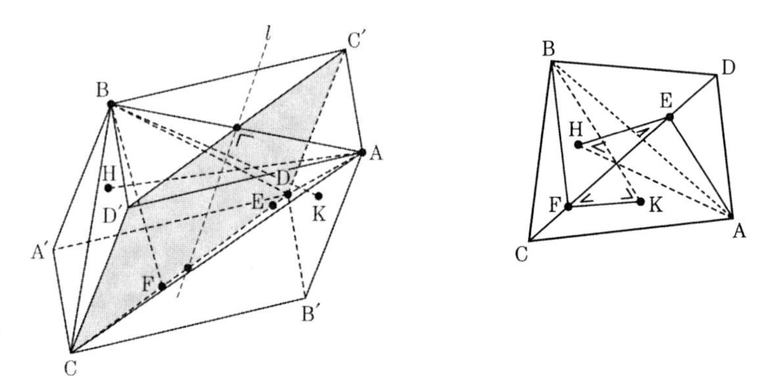

図 4.17　等積四面体の包接平行六面体

さてこの図形を面 A′CB′D と垂直な方向から見る（正射影する）と，三垂線の定理により HE, KF は CD と垂直であり，CD は H, K から等距離にある．一方，AC′BD′ は平行四辺形だから，対角線 C′D′ は A, B から等距離にある．CD と C′D′ とは平行だから，この事実は CD の面 AC′BD′ への正射影が C′D′ であり，平面 CDC′D′ が平面 AC′BD′ に垂直であることを意味する．同様に平面 ABA′B′ も平面 AC′BD′ と垂直であり，平面 CDC′D′ と ABA′B′ の交線 l が平面 AC′BD′ に垂直である．l は辺 AB と CD の中点を結ぶ線分であり，辺 AB′, BA′, CD′, DC′ はそれと平行である．したがってこれらは平面 AC′BD′ と直交する．この関係は他の対辺同士の組でも同様だから，平行六面体 AC′BD′-A′CB′D の 4 本ずつの平行な辺は，それらの端点のなす平面と垂直であり，全体は直方体になる．

4° について：　直方体の 3 辺の長さを k, l, m とすると $a=\sqrt{l^2+m^2}$，$b=\sqrt{m^2+k^2}$，$c=\sqrt{k^2+l^2}$ が四面体の各面の三角形の 3 辺の長さを与える．これから

$$b^2+c^2>a^2,\quad c^2+a^2>b^2,\quad a^2+b^2>c^2$$

であって，互いに合同な各面は鋭角三角形である（直接の証明もある）．

7° について：　2 個の心が一致すれば，四面体 ABCD が等積四面体であることを示す．内心＝重心（点 O）なら，4 個の四面体 OABC, OABD, OACD, OBCD はいずれも体積が等しく，O からの高さも等しいので，外側の面が等面積である．

外心＝重心(点O)なら，△OABと△OCDはOからの高さ(底辺の中点までの距離)が等しい二等辺三角形なのでAB＝CDである．他の対辺も同様で，3°が導かれる．

外心＝内心(点O)なら，そこから各辺に引いた垂線の長さが等しく，各面の外接円の半径が等しい．それから

$$\angle \mathrm{ADB} = \angle \mathrm{ACB}, \quad \angle \mathrm{BDC} = \angle \mathrm{BAC}, \quad \angle \mathrm{CDA} = \angle \mathrm{CBA}$$

であり，$\angle \mathrm{ADB}+\angle \mathrm{BDC}+\angle \mathrm{CDA}=180°$ となって5°が導かれる．■

系4.5　等積四面体の相対する等しい辺の長さを a, b, c とすると，体積 V は次の公式で与えられる．

$$72V^2 = (-a^2+b^2+c^2)(a^2-b^2+c^2)(a^2+b^2-c^2) \tag{4.39}$$

［略証］　系4.4としてすでに扱ったが，次のように直接に証明できる．それを埋め込む直方体の3辺を改めて k, l, m とすると

$$l^2+m^2 = a^2, \quad m^2+k^2 = b^2, \quad k^2+l^2 = c^2$$

と表わすことができる．k, l, m について解くと

$$k^2 = \frac{1}{2}(-a^2+b^2+c^2), \quad l^2 = \frac{1}{2}(a^2-b^2+c^2), \quad m^2 = \frac{1}{2}(a^2+b^2-c^2) \tag{4.40}$$

である．四面体の体積は直方体の体積 klm から4隅の三角錐を除いたもので，$V=klm\left(1-4\times\frac{1}{6}\right)=\frac{1}{3}klm$ である．(4.40)を代入すれば，(4.39)をえる．■

系4.6　平面三角形のChappleの定理(外心と内心の距離を外接円，内接円の半径 R, r で表わす公式)の類似公式は，四面体では成立しない．

［略証］　もし何らかの自明でない関数 $\varphi(R, r)$ の形で表わされたとすると，等積四面体では $\varphi(R, r)=0$ であって，R と r の間に特定の関係が成立する．しかし $R\geqq 3r>0$ である R, r を与えると，それらを外接球，内接球の半径とする等積四面体を構成することができる．$R=3r$ のときは正四面体だが，$R>3r$ のときは一意的ではない．しかし R, r を任意に選ぶことができるから，特定の関係式は成り立たない．■

注　上記の条件6°の形で平面三角形の大三角形を作り，それを折りたたんで四面体を作る操作は，鋭角三角形でないとできない．直角三角形のときは4面が1平面上に退化し，鈍角三角形ではそのような操作自体が不可能である．と

ころがこのような形で形式的に計量問題を作り，よく吟味せずに機械的に計算すると，図形は不可能なのに，もっともらしい答がえられる場合がある．稀にだが，この種の誤った試験問題に接した経験がある．

定理 4.20 等積四面体の1頂点から対面に引いた垂線の足は，その面をなす三角形の de Longchamps 点である．

[略証] 四面体 ABCD の辺 DA, DB, DC を切って展開図を作ると，D の像 D_1, D_2, D_3 は △ABC の大三角形をなす．D からの垂線 DH は D_1, D_2, D_3 から対辺に引いた垂線になり，H は $\triangle D_1D_2D_3$ の垂心である．それはもとの △ABC の de Longchamps 点である． ∎

(c) 直辺四面体

直辺四面体とは，相対する辺が直交する四面体である．狭義の垂心などいくつかの特性をもつ．まず辺の長さとの関連を述べる．

補助定理 4.21 四面体 ABCD において，辺 AB と CD とが直交することと

$$AC^2+BD^2 = AD^2+BC^2 \tag{4.41}$$

が成立することとは同値である．

[略証] ベクトルによる巧妙な証明もできるが，初等幾何学的に扱う(図 4.18)．ねじれの位置にある AB, CD の共通垂線を HK とする．$AB\perp CD$ なら △AHK は CK と垂直であり，

$$\begin{aligned} AC^2 &= AH^2+HK^2+KC^2, \quad BD^2 = BH^2+HK^2+KD^2 \\ AD^2 &= AH^2+HK^2+KD^2, \quad BC^2 = BH^2+HK^2+KC^2 \end{aligned} \tag{4.42}$$

である．和をとれば(4.41)をえる．逆に(4.41)が成立すれば，A, B から引いた垂線を AE, BF とすると $AC^2-AD^2=EC^2-ED^2$ と $BC^2-BD^2=FC^2-FD^2$ が等しい．これから E=F であって，△AEB は CD と垂直，したがって $AB\perp CD$ である． ∎

系 4.7 四面体 ABCD の2組の対辺が直交すれば，直辺四面体である．

[証明] $AB\perp CD$, $AC\perp BD$ とすると

$$AC^2+BD^2 = AD^2+BC^2 = AB^2+CD^2 \tag{4.43}$$

だから，$AD\perp BC$ が成立する． ∎

系 4.8 直辺四面体の共通量(4.43)は，相対する辺の中点間の距離 d (3組

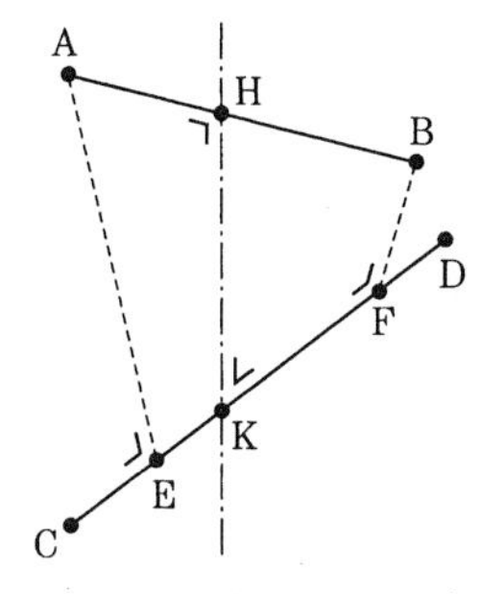

図 4.18　直交辺の公式

について共通)に対して $4d^2$ に等しい．d を**共通径**とよぶ．

［証明］　辺 AB, CD の中点を M, N とすると，

$$
\begin{aligned}
AC^2+BD^2 &= 2HK^2+(AM+MH)^2+(AM-MH)^2 \\
&\quad +(CN+NK)^2+(CN-NK)^2 \\
&= 2(HK^2+AM^2+MH^2+CN^2+NK^2) \\
&= 2MN^2+(AB^2+CD^2)/2
\end{aligned}
$$

である．AB^2+CD^2 が左辺に等しく，それは $4MN^2$ に等しい．　■

以上から直辺四面体に関するいくつかの同値な条件をえる．それを次にまとめて述べる．

定理 4.22　次の条件は互いに同値である．

0°　直辺四面体である．

1°　相対する辺の 2 乗の和が共通である(式(4.43))．

2°　菱形六面体の一つおきの頂点を結んでできる．

3°　各辺の中点が重心から等距離にある．

4°　各辺に対して，それ以外の 2 頂点から引いた垂線の足が一致する．

5°　各頂点から対面に引いた垂線の足が，その面をなす三角形の垂心である．

6°　各頂点から対面に引いた垂線が同一点で交わる．これを**狭義の垂心**というが，それは Monge 点と一致する．

7°　空間の Euler 線を各面に正射影するとその面の三角形の Euler 線になる．

［証明］　0°↔1° はすでに示した．また 1°→3°(中点間の距誰が等しい)→2°→0° はすでに示した事実や定義からほぼ明らかである．4° は対辺が直交することと同値である．以下で 5°, 6°, 7° を考察する．

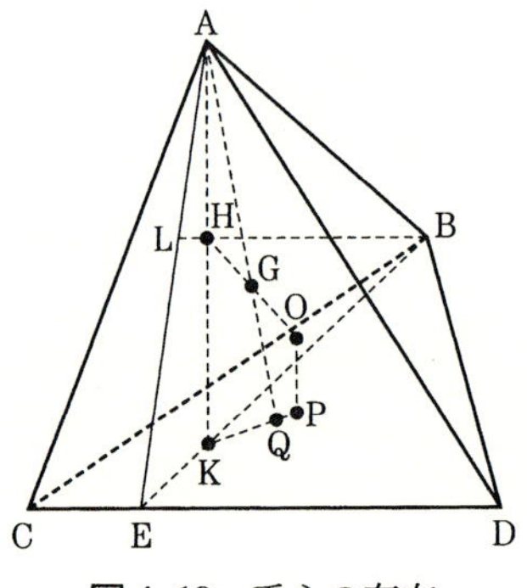

図 4. 19　垂心の存在

条件 4° が成立するとして，A, B から辺 CD に引いた垂線の足を E とする．A, B から対面に引いた垂線 AK, BL は △EAB の面上にあり，両者は △EAB の垂心 H で交わる．また K は B から CD に引いた垂線 BE 上にあるが，同様の考察を辺 BD, BC について行なえば，K は △BCD の垂心である(図 4. 19)．そして各頂点から対辺に引いた垂線は 2 本ずつ互いに交わるが，同一平面上にない 4 直線がこのような関係にあれば，交点はすべて同一の点 H でなければならない．これで 4°→5°, 6° が示されたが，5° が成立すれば，A から対面への垂線 AK に対し，BK⊥CD から AE⊥CD で 4° が成立する．また 6° が成立すれば上の記号で AK, BL がともに CD と垂直なので AB⊥CD である．

7° は，直辺四面体では空間の Euler 線上の外心 O，垂心 H を △BCD に正射影した点が △BCD の外心 P，垂心 K に一致することから導かれる．逆に 7° が成立すれば，OP⊥△BCD から，△BCD の Euler 線 PK と OP で定まる △BCD に垂直な面上に，四面体の重心があるから，頂点 A もこの面上にあり，AK⊥△BCD で，条件 5° が成立する．なお狭義の垂心が存在すれば，それは自動的に Monge 点と一致する．　■

最後に平面三角形における九点円の類似を述べる．任意の四面体については成立しないが，直辺四面体には，次に述べるように 2 種類の十二点球が存在する．その性質の類似と相異を表 4. 3 に要約した．

定理 4. 23　直辺四面体においては，各辺に対してその両端以外の他の 2 頂点からその辺に引いた垂線の足(両者は一致する)および各辺の中点の合計 12 点が，重心を中心とする一つの球面上にある．それを**第 1 十二点球**という．

表 4.3　九点円と十二点球の対比

	九点円	第1十二点球	第2十二点球
存在	任意の三角形	直辺四面体に限る	
中心	垂外の中点[1]	重心(垂外の中点)	垂・外 1:2
半径	外接円の 1/2	共通径の 1/2	外接球の 1/3
頂垂間[2]	中点	(非定比)	2:1 内分点
切り口	線分	九点円	重心と垂心を直径とする円

1)　垂心と外心を結ぶ線分の中点の意味．1:2 は 1:2 の比にその線分を内分する点の意味．
2)　その円または球が頂点と垂心を結ぶ線分と交わる点の位置を表わす．第1十二点球については，この交点は一定の比の定点にならない．

定理 4.24　直辺四面体においては，各面の重心，垂心，および各頂点と四面体の垂線を結ぶ線分を 2:1 に内分する点合計 12 点が同一の球面上にある．それを**第 2 十二点球**という．その中心は垂心と外心を結ぶ線分(空間の Euler 線上)を 1:2 に内分する点であり，半径は外接球の半径の 1/3 である．

［証明］(定理 4.23 の証明)　直辺四面体については，相対する辺の中点を結ぶ線分の長さは等しく，その各中点は重心 G である．次に例えば A, B から対辺 CD に引いた垂線の足を L，線分 CD の中点を M とする．四面体の垂心 H，重心 G，外心 O を △BCD に正射影した点を K, N, P とすると，これらは順次 △BCD の垂心，九点円の中心，外心であり，NM＝NL である．これから GM＝GL である．他の辺についても同様で，所要の十二点は重心 G から等距離にある．その距離は共通径の 1/2 に等しい．　▮

(定理 4.24 の証明)　上記の記号を使う(図 4.20)．AG の延長が △BCD(じつはその Euler 線 PNK)と交わる点 Q は，△BCD の重心である．線分 HO を 1:2 に内分する点 S の △BCD への正射影点は線分 KN を HS:SG＝2:1 に内分し，KQ の中点である．これから SK＝SQ である．QS の延長が AH と交わる点 T は，S が直角三角形 TKQ の斜辺 QT の中点であるため，ST＝SK＝SQ を満たす．そして，HT＝AH/3, HS＝HO/3 から ST＝OA/3＝外接球の半径の 1/3 である．他の面についても同様であり，所要の合計十二点が S から等距離にある．　▮

直辺四面体の体積 V を表わす公式として，相対する辺の中点を結ぶ線分(等

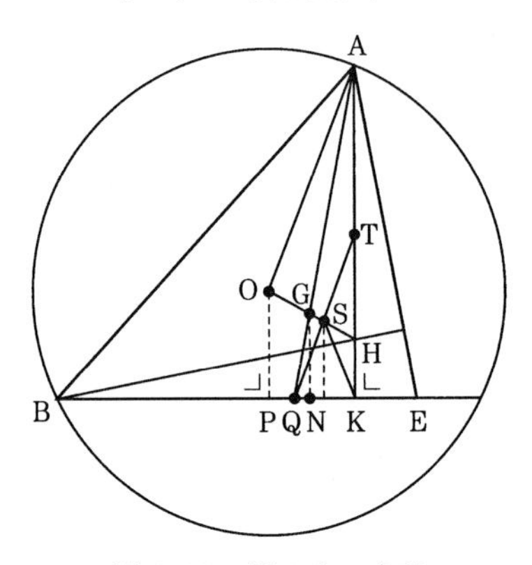

図 4.20　第2十二点球

長 d)がおのおのの中点(重心)において交わる角(鋭角にとる)を α, β, γ とすると，d を共通径として

$$(3V)^2 = d^6(1-\cos^2\alpha-\cos^2\beta-\cos^2\gamma+2\cos\alpha\cos\beta\cos\gamma) \qquad (4.44)$$

が成立する．α, β, γ は包接平行六面体の鋭角の頂角であり，その面はすべて1辺 d の菱形である．平行六面体から中央の四面体を除いた周囲の4個の四面体は，1頂点から出る3本の等長(長さ d)で相互の角が α, β, γ である四面体と等積である．その体積 U は平行六面体の 1/6 であり，座標をとって内積を計算すると $(6U)^2$ が(4.44)の右辺に等しい．V は平行六面体の体積の $1-4/6=1/3$ で $2U$ に等しいから(4.44)をえる((4.44)の直接の導出は章末演習問題 4.7 参照)．

演習問題

4.1　六斜術の式において，P を △ABC の垂心にとって簡易化せよ．——結果は外心のときと同じ，外接円の半径 R を3辺の長さ a, b, c で表わす公式になる．

4.2　外心を始点とするベクトルをもとにした重心座標で表わされるベクトルの長さの公式(補助定理 4.8)により，頂点 A から重心，内心までの距離を求め，§2.1(b)の結果を確認せよ．

4.3　互いに外接する3円に外接する円(Apollonios の作図題)を，反転法を活用して，定規とコンパスのみで実行する手順を述べよ．

4.4 和心が内心と Gergonne 点との中点にくることは，差心が無限遠に行って，外側の円が共通接線になることと同値であることを確かめよ．またそのような三角形の具体例を挙げよ．

4.5 放物線 $y=x^2$ 上の頂点 O でない相異なる 3 点 $\mathrm{A}(a, a^2)$, $\mathrm{B}(b, b^2)$, $\mathrm{C}(c, c^2)$ (括弧内は座標)について，次の条件は互いに同値であることを証明せよ．

1° $a+b+c=0$

2° 4 点 O, A, B, C が同一円周上にある．

3° 3 点 A, B, C において引いた放物線の法線が 1 点で交わる．

4.6 3 次元空間内の任意の四面体は，必ずしも 4 次元空間内の正四面体の正射影としては実現できないことを確かめよ．

4.7 辺の長さがすべて 1 で，一つの頂点で交わる 3 個の角 α, β, γ がすべて鋭角である菱形六面体の体積を計算する公式を求めよ．

4.8 四面体 ABCD に対し，その内部の定点 P を通って各面に平行な 4 枚の平面で四面体を切断すると，全部で何個の立体に分かれるか．またそれらの形態はどのような形か．

4.9 相対する 1 対の辺の長さがそれぞれ a, b, c である等積四面体について，次の問いに答えよ．

1° 外接球，内接球の半径 R, r を a, b, c で表わせ(本文参照)．

2° $R \geqq 3r$ であり，等号は正四面体に限ることを示せ．

3° R, r を $R \geqq 3r$ であるように与えたとき，R, r をそれぞれ外接球，内接球の半径とする等積四面体(一意的とは限らない)を構成せよ．

第5章

高次元幾何学

本章で扱うのは，4次元以上のEuclid空間内の，線型代数の一般論ではおさまらない特別な図形である．その中で§5.1では正多面体(正しくはpolytopeの訳語として**正多胞体**)を論じ，§5.2では球の充填問題と関連して，いくつかの特別な格子を述べる．後者は幾何学よりも，符号理論や変換群との関連が強い．

高次元幾何学の話題はもちろん多数ある．本章の内容は大変に偏った題材だが，近年の成果があまり知られていないように思うので，あえてとり上げた次第である．

§5.1　正多面体

(a)　概論と標準正多面体

n次元の多面体(正しくは**多胞体**)とは，有限個の超平面で囲まれた図形である．以下では原則として凸多面体のみを扱う．その表面上のk $(<n)$ 次元の多面体の部分を **k 次元胞**とよぶ．0次元，1次元，2次元の胞については，伝統的な用語により，それぞれ点(頂点)，辺，面とよぶ．

定義5.1　**n次元正多面体**は，以下のように帰納的に定義される．3次元のときは，§2.3で述べたとおり，面が互いに合同な正p_1角形で，頂点が合同な正p_2角錐をなす多面体である．4次元のときは，3次元胞が合同な正多面体(p_1, p_2)で，各辺に同じp_3個ずつの3次元胞が会し，各頂点の隣接点が正多面

体 (p_2, p_3) をなす図形である．以下 $(n-1)$ 次元の正多面体 $(p_1, p_2, \cdots, p_{n-2})$ が定義されたとき，n 次元正多面体は，その $(n-1)$ 次元胞がすべて合同な $(p_1, p_2, \cdots, p_{n-2})$ であり，各 $(n-3)$ 次元胞に同一の p_{n-1} 個ずつの $(n-1)$ 次元胞が会し，各頂点の隣接頂点が $(n-1)$ 次元の正多面体 $(p_2, p_3, \cdots, p_{n-1})$ をなす図形である．$(p_1, \cdots, p_{n-1})$ を**Schläfliの記号**という．k 次元胞の個数を N_k で表わす．正多面体に対し，それ全体の中心，一つの $(n-1)$ 次元胞の中心，以下順次その表面の $k\ (=n-2, \cdots, 1)$ 次元胞の中心，その1頂点，を結んでできる単体を**基本単体**という．その個数 g は，裏返しも許した自己同型変換の個数に等しい． □

$n=3, 4$ においては，星形多角形(特に星形正五角形)を面とする星形正多面体が存在し，興味深い結果が多いが，本書では省略する．

$n \geqq 3$ の各次元に，少なくとも次の3種の正多面体が存在する．これらを**標準正多面体**とよぶ．様式的な形を図5.1に示した．

1° **正単体** $(3, 3, \cdots, 3)$： 正三角形，正四面体の一般化である．互いに等距離にある $(n+1)$ 個の点の凸包として定義される．それらの点は例えば n 個の正の座標軸上の単位点と，$(\alpha, \alpha, \cdots, \alpha)$；$x=(1+\sqrt{1+n})/n$ で表わされる点を選べばよい．無理数を避けたければ，$(n+1)$ 次元空間の直交軸上正の単位点を

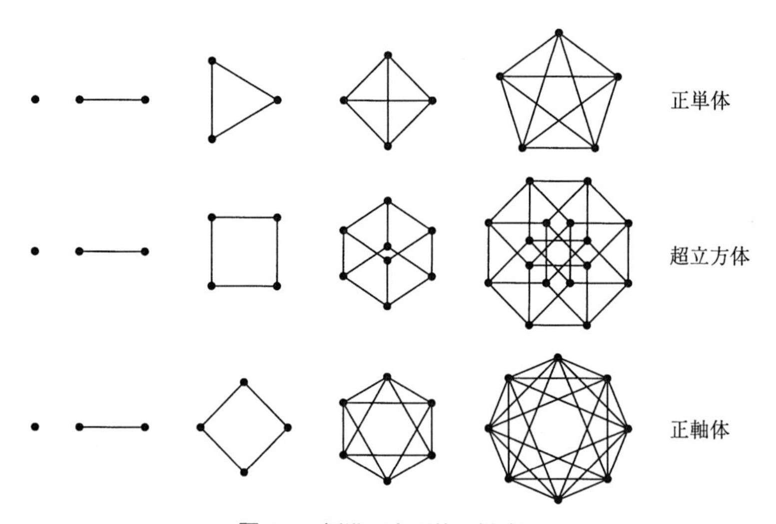

図5.1 標準正多面体の様式図

選べばよい．N_k は

$$\sum_{k=0}^{n} N_k x^k = [(x+1)^{n+1}-1]/x \qquad (N_n=1)$$

と表わされる．隣り合う $(n-1)$ 次元胞の間の角(二面角に相当) α_n は

$$\cos\alpha_n = 1/n \tag{5.1}$$

である．$g=(n+1)!$ である．

2°　**超立方体** $(4, 3, \cdots, 3)$：　正四角形，正六面体の一般化である．座標では例えば 2^n 個の $(\pm1, \pm1, \cdots, \pm1)$ ($\pm$ はすべての組合せをとる)を頂点とすればよい．N_k は

$$\sum_{k=0}^{n} N_k x^k = (x+2)^n$$

と表わされる．胞の間の角は次元によらず直角であり，$g=2^n n!$ である．他と併せて**正測体**(体積の単位の意味)ということもある．

3°　**正軸体** $(3, 3, \cdots, 3, 4)$：　正八面体の一般化であり，超立方体の双対図形である．座標では各座標軸上の正負の単位点合計 $2n$ 個を頂点とする図形で，それらの凸胞として構成できる．N_k は

$$\sum_{k=0}^{n-1} N_k x^k = [(2n+1)^n-1]/x$$

と表わされる．胞の間の角 β_n は

$$\cos\beta_n = \frac{2-n}{n} \tag{5.2}$$

を満足する．超立方体と同じく，$g=2^n n!$ である．

超立方体は各次元で空間充塡形である．他の空間充塡形として2種の胞間の角でその和が360°になるのは，$n\geqq3$ のとき，次の場合だけである．

$$2\alpha_3+2\beta_3=360^\circ, \quad 3\beta_4=360^\circ, \quad \alpha_8+2\beta_8=360^\circ$$

これは必要条件だが，十分条件でもあり，実際にそれぞれの次元で，対応する空間充塡形を構成することができる(一部後述，123ページ，130ページ)．

次項で述べるように，$n\geqq5$ のときは，正多面体は3種の標準正多面体しか存在しない．$n=4$ のときは6種の正多面体が存在する．

後に活用するために，**Petrie 多角形**の概念を導入する．これは，元来は John Flinders Petrie(1907-1972)が学生時代に3次元正多面体について，その回映

面として導入した概念だが，現在では次のように拡張された概念をそうよぶ．

定義 5.2　n 次元正多面体の **Petrie 多角形**とは，その1次元要素(辺)をつないでできる単一閉路で，$k=2, \cdots, n$ のおのおのについて，次の条件を満たすものである：

その閉路の任意の相続く k 本の線分が，ちょうど1個の k 次元胞の境界上にあり，そのすべてが同時に $(k-1)$ 次元以下の胞に含まれることがない．　□

正多面体の対称性から，任意の辺を含む Petrie 多角形が存在することと，Petrie 多角形は互いに合同であることが証明できる．その辺数 h を **Petrie 数**とよぶ．n 次元正単体のときは $h=n+1$，n 次元正軸体と超立方体では $h=2n$ である．3, 4 次元のときは次項で述べる．

Coxeter は基本単体の反転から生成される群の研究を通して，Petrie 多角形を自分自身に重ねる変換を調べ，以下の基本定理を示した(巻末文献[17]，特にその XII 章；ただし一部は別の論文に発表されている)．これらが正多面体というよりその変換群の基本定理である．ただそれを論じるには多くの準備を要するので，以下には結果のみを挙げる．

定義 5.3　Schläfli の記号 $(p_1, \cdots, p_{n-1})$ で表わされる正多面体について，次の n 次対称行列 $W=W(p_1, \cdots, p_{n-1})$ を**基本行列**とよぶ．

$$W = [w_{ij}] \tag{5.3}$$

成分は $w_{i,i+1} = w_{i+1,i} = \cos(\pi/p_i) \qquad (i = 1, 2, \cdots, n-1)$

他の成分はすべて 0　□

定理 5.1　1°　Schläfli の記号 $(p_1, \cdots, p_{n-1})$ で表わされる正多面体が存在するための必要条件は，基本行列の固有値(すべて実単純解であることは Sturm 列の理論からわかる) λ が，すべて $-1<\lambda<1$ の範囲にあり，それを $\lambda=\cos\theta$ と表わしたとき，θ が π(度でいえば 180°)の有理数倍であることである．結果的にはこれが十分条件にもなる．

2°　凸正多面体については，基本行列の最大固有値が $\cos(\pi/h)$，h は正の整数と表わされる．このときの h が Petrie 数を表わす．

3°　基本行列の固有値全体は，k_i $(i=1, 2, \cdots, n)$ を h 未満の正の整数として $\cos(k_i\pi/h)$ と表わされる．k_i を小さいほうから並べると

$$k_1 = 1, \qquad k_i + k_{n-i+1} = h$$

が成立する．n が奇数なら h は偶数で，$k_{(n+1)/2}=h/2$ である．数列 $k_1, k_2, \cdots, k_n$ を **Petrie 列**とよぶ．

4°　正多面体 $(p_1, \cdots, p_{n-1})$ の二面角（隣接超平面の間の角）δ は

$$\cos^2\frac{\delta}{2}=\frac{\det(I+W(p_1, \cdots, p_{n-1}))}{\det(I+W(p_1, \cdots, p_{n-2}))} \tag{5.4}$$

で与えられる．ここに det は行列式，I は対応する大きさの単位行列を表わす．

5°　n 次元正多面体の対称超平面は $nh/2$ 個ある．この数は必ず整数である．

6°　正多面体 $(p_1, \cdots, p_{n-1})$ が点対称であるための必要十分条件は，Petrie 列 $k_1, \cdots, k_n$ がすべて奇数であることである．

7°　基本単体の総数，あるいは裏返しも許した自己同型変換の個数 g は，Petrie 列によって次のように表わされる．

$$g=\prod_{i=1}^{n}(k_i+1) \tag{5.5}$$

□

注　最後の 7° は Coxeter 群の研究から派生した，最も一般的な決定的結果である[1]．標準正多面体については直接確かめることができる．正単体については $k_i=i$, $h=n+1$, $g=(n+1)!$ であり，超立方体と正軸体については $k_i=2i-1$, $h=2n$, $g=2^n n!$ である．また $n=3$ のときは，補助定理 5.2 に示すとおり，昔から知られていた事実である．しかしすべての次元に通用する一般的な結果である．あまり知られていないのは，むしろ奇異に感じる．

(b)　4 次元正多面体

以下 4 次元正多面体 (p_1, p_2, p_3) を考察する．多少まぎれやすいが，習慣に従って $p_1=p$, $p_2=q$, $p_3=r$ と記す．その表面の 3 次元胞 (p, q) を単に**胞**(cell または facet)とよぶ．(p, q, r) は胞が 3 次元正多面体 (p, q) であり，それらが各辺に r 個ずつ会することを意味する．各頂点に対して，その隣接頂点全体のなす**頂点形**は，(q, r) で表わされる 3 次元正多面体である．(p, q, r) の各胞の中心を結ぶと双対正多面体 (r, q, p) ができる．

4 次元正多面体の可能性は，定理 5.1 の 1° から確かめられるが，3 次元正多

1)　原論文は，H. S. M. Coxeter, Groups generated by unitary reflections of period two, Canad. J. Math., **9**(1957), 243-272. 文献[19]に再録されている．

面体 (p, q) の二面角 δ の考察から入るほうが早い．$\cos(\delta/2)$ を $\sin(\delta/2)$ に換算すると

$$\sin(\delta/2) = \cos(\pi/q)/\sin(\pi/p) \tag{5.6}$$

と表わされる．4 次元正多面体 (p, q, r) が可能なためには，$\delta r < 2\pi$ (360°)が必要条件である．これは

$$\sin(\pi/p)\sin(\pi/r) > \cos(\pi/q) \tag{5.7}$$

と同値である．(5.7)の左辺は 3/4 を超えないから，$q=4$ または 3 であり，(5.7)を満たす (p, q, r) は次の 6 組に限る．

$$(3,3,3),\ (4,3,3),\ (3,3,4),\ (5,3,3),\ (3,3,5),\ (3,4,3) \tag{5.8}$$

逆にこれは十分条件でもあり，この 6 種すべてを構成することができる．最初の 3 種は順次正単体，超立方体，正軸体である．次の 2 種は正十二面体，正二十面体の類似である．これらの 5 種は，一般的に 3 次元正多面体 (p, r) の類似だが，相違点も多い．例えば 3 次元では立方体の一つおきの頂点を結んでできる立体は正四面体になるが，4 次元の超立方体の一つおきの頂点を結んでできる図形は，正単体ではなく，正軸体である．

最後の (3, 4, 3) は 4 次元特有の自己双対図形だが，例えば座標で $(\pm1, \pm1, \pm1, \pm1)$ ($\pm$ はすべての組合せ) および $(\pm2, 0, 0, 0)$ とその座標を交換した点との合計 24 個を結んでできる．しいていえば，3 次元の菱形十二面体の類似と考えることができる．これはまた 4 次元の**体心立方格子**(座標がすべて整数である点と，すべてが 1/2 の奇数倍である点からできる格子)の勢力域(一つの頂点から最も近い範囲)としても構成できる．

ここで組合せ的な考察から，要素の個数 N_i について

$$N_0 : N_1 : N_2 : N_3 = \left(\frac{1}{q}+\frac{1}{r}-\frac{1}{2}\right) : \frac{1}{r} : \frac{1}{p} : \left(\frac{1}{p}+\frac{1}{q}-\frac{1}{2}\right)$$

をえる．あるいは基本単体の個数を g，3 次元正多面体 (p, q) の辺の数を $E_{p,q}$ で表わすと，次の等式が成立する．

$$\begin{aligned} N_0 &= \frac{g}{4E_{q,r}} = \frac{g}{4}\left(\frac{1}{q}+\frac{1}{r}-\frac{1}{2}\right), \quad N_1 = \frac{g}{4r} \\ N_2 &= \frac{g}{4p}, \quad N_3 = \frac{g}{4E_{p,q}} = \frac{g}{4}\left(\frac{1}{p}+\frac{1}{q}-\frac{1}{2}\right) \end{aligned} \tag{5.9}$$

しかし 4 次元の Euler-Poincaré の公式は，同次式

$$N_0+N_2=N_1+N_3 \tag{5.10}$$

の形であるため，3 次元の場合とは違って，これだけでは個々の N_i の値(あるいは g)を定めることができない．かつて高橋秀俊が[1] これを問題提起したが，これは 1840 年代の Schläfli 以来，4 次元正多面体の研究者がすべて最初につき当たった壁である．現在ではいくつかの解決策が知られている．図形を構成して個々に N_3 を計算することは難しくないし，定理 5.1 の 7° は決定的な結論である．結果は表 5.1 にまとめたが，まず歴史的な発展から述べる．

表 5.1　4 次元の正多面体

p	q	r	N_3	N_2	N_1	N_0	h	k_1	k_2	k_3	k_4	g	二面角 δ
3	3	3	5	10	10	5	5	1	2	3	4	120	$\alpha_4=\arccos(1/4)$ *)
4	3	3	8	24	32	16	8	1	3	5	7	384	90°
3	3	4	16	32	24	8	8	1	3	5	7	384	120°
3	4	3	24	96	96	24	12	1	5	7	11	1152	120°
5	3	3	120	720	1200	600	30	1	11	19	29	14400	144°
3	3	5	600	1200	720	120	30	1	11	19	29	14400	$240°-\alpha_4$

*)　α_4 の大きさはほぼ 75°31′．正六百胞体の二面角は表のような関係にあり，ほぼ 164°29′ である．各正多面体は**正 N_3 胞体**とよばれる．特に (4, 3, 3) には超立方体とか**四放体**(tesseract)という名がある．

一般的な方法として，誰しも考えるのは，基本単体を全体の中心 O のまわりの単位超球面に射影してその体積(4 次元立体角)を計算し，全周をそれで割って g を求める方法だろう．

この方法を 3 次元正多面体に適用すると，最終的に Euler の公式から計算したのと同じ式をえる．しかし 4 次元の場合にはうまくゆかない．その理由は，理論上の難点ではなく，積分が初等関数の範囲で計算できないという技術面の困難である．じっさいその積分は **Schläfli の関数**とよばれる超越関数であって，初等関数では表わされないことが証明されている．

それならば，数値積分により，特に精度保証つき計算によって近似値を計算すればよいではないか．じっさいコンピュータの出現以前にも，多くの人々がその計算をした．Schläfli 自身も最初はそのように進んだ．

しかし彼はまもなく，当面必要なのは少数の定積分値であり，それらは理論

1)　SYSTEM-5(高橋秀俊)，4 次元正多面体について，数学セミナー，日本評論社，1972 年 3 月号，44-46.

的に計算できることに気づいた．計算方法には G. H. Hardy による Fourier 級数を活用する方法など，いろいろ考えられたが，後に大いに簡易化された．たぶん Coxeter の晩年の研究[1)] が最も簡単だろう．

もっと「初等的な」方法は，Coxeter が対称超平面を活用し，上記の基本単体を射影した表面積から求めた後述の Coxeter の公式(5.14)である．筆者は対称超平面による切り口の3次元凸立体に Euler の公式を適用して同じ公式をえたので，後に解説する．さらに後述の Steinberg 公式の類似で，対称超平面の2個あるいは3個の交わりを考察し，代数的(四則と平方根のみ)な公式をえた[2)]．しかし複雑すぎて実用上にも理論上の考察にも有用とは思わない．

Coxeter の公式を導くために，3次元正多面体に関する多少の準備から始める．

補助定理 5.2　3次元の正多面体 (p, q) の辺の数を E，Petrie 数を h とすると

$$4E = h(h+2) \tag{5.11}$$

が成立する．

［略証］　3次元の場合は，任意の1辺を含む Petrie 多角形は2個あり，相異なる Petrie 多角形は，相対する1対の辺を共有する．特定の1個の Petrie 多角形を固定すると，他の Petrie 多角形は相対する1対の辺の組と1対1に対応するから，Petrie 多角形は全体で $(h/2+1)$ 個存在する．その辺数ののべ数はこの h 倍で，各辺が2度ずつ現れるから

$$2E = h(h/2+1)$$

をえる．これを2倍すれば(5.11)をえる．　■

注　3次元のときは，$k_1=1$, $k_2=h/2$, $k_3=h-1$, $4E=g$ だから，(5.11)はじつは定理5.1の7°の特別な場合に相当する．

補助定理 5.3 (Steinberg の公式)　3次元正多面体 (p, q) について，Petrie 数は次の関係を満たす．

1)　H. S. M. Coxeter, Star polytopes and the Schläfli function $f(\alpha, \beta, \gamma)$, Elemente der Math., **44**(2) (1989), 25-36. 文献[19]に再録されている．

2)　S. Hitotumatu, On a computation of quantities of four dimensional regular polytopes, 東京電機大学・理工学部紀要, **23**(2001), 15-26.

$$h+2=\frac{24}{10-p-q} \tag{5.12}$$

［略証］　可能な場合は有限個だから，個々の場合に確認すればよいが，以下のように一般的に証明できる．

正多面体の対称面は $3h/2$ 枚あり，2 枚ずつの交線はのべ $(3h/2)(3h/2-1)/2$ 本ある．これらが表面と交わる点は頂点，辺の中点，面の中心のいずれかである．面，辺，頂点の個数を F, E, V とする．重複度を考慮すると

$$\frac{F}{2}\cdot\frac{p(p-1)}{2}+\frac{V}{2}\cdot\frac{q(q-1)}{2}+\frac{E}{2}=\frac{3h}{2}\left(\frac{3h}{2}-1\right)\frac{1}{2} \tag{5.13}$$

が成立する(正四面体では頂点と面が対応するが，(5.13)は結果的に正しい)．$pF=qV=2E$ により

$$4E(p-1+q-1+1)=3h(3h-2)$$

である．(5.11)を代入して整理すると

$$(h+2)(p+q-1)=9h-6=9(h+2)-24$$

である．$(h+2)$ を左辺にまとめれば，(5.12)をえる．■

注　Petrie 数 h を求めるための本来の固有値の式(定理 5.1 の 2°)と式(5.11)，(5.12)は，正多面体に対応する個々の (p, q) については，いずれも同じ値を与える．しかしそれらは数学的にはまったく別の式である．数学の「正解」が唯一でない実例というべきか．

定理 5.4 (Coxeter の公式)　4 次元正多面体 (p, q, r) の Petrie 数を h，基本単体の総数を g とすると，

$$\frac{64h}{g}=12-p-2q-r+\frac{4}{p}+\frac{4}{r} \tag{5.14}$$

が成立する．

系 5.1　4 次元の正多面体で可能なのは(5.14)の右辺が正である (p, q, r) に限る．それは前述の(5.8)で示した 6 種以外にはない．

［略証］　全体で $2h$ 個ある対称超平面による切り口の 3 次元凸多面体を考える．その面は本来の面と胞の対称面が 1 回ずつ現れ，合計

$$\begin{aligned}N_2+N_3\cdot\frac{3}{2}h_{p,q}&=\frac{g}{4p}+\frac{g}{4E_{p,q}}\cdot\frac{3}{2}h_{p,q}=\frac{g}{4}\left(\frac{1}{p}+\frac{6}{h_{p,q}+2}\right)\\&=\frac{g}{4}\left[\frac{1}{p}+\frac{1}{4}(10-p-q)\right]\end{aligned} \tag{5.15}$$

枚である．ここに $E_{p,q}$, $h_{p,q}$ は3次元正多面体 (p, q) の辺数と Petrie 数を意味し，式の変形は補助定理5.2, 5.3による．

その頂点は各辺の中点が1回ずつと，各頂点が重複して現れる．重複回数は，1個の特定頂点に対して，その隣接頂点のなす「頂点形」が正多面体 (q, r) であり，その対称面の個数に等しい．上の式と同様の計算により，頂点数の総計は

$$N_1+N_0\cdot\frac{3}{2}h_{q,r}=\frac{g}{4}\left[\frac{1}{r}+\frac{1}{4}(10-q-r)\right]$$

である．これは(5.15)で p を r に置き換えた式と同じである．

その辺は，各面の対称軸が1回ずつと，各辺が r 回ずつ現れるので，総計 $pN_2+rN_1=g/2$ 本である．したがって，$2h$ 個の凸多面体に Euler の公式を適用すれば

$$\frac{g}{4}\left(\frac{1}{p}+\frac{10-p-q}{4}+\frac{1}{r}+\frac{10-r-q}{4}-2\right)=4h$$

となる．これを整理すれば(5.14)になる． ∎

注　(5.14)によって計算した諸量を前の表5.1に示した．また4次元正多面体を対称超平面で切った切り口の形を表5.2と図5.2に示した．ここで注意するのは，切り口は1種類と限らず，特に(3, 4, 3)については，頂点数・面数が異なる2種類の多面体が現れることである．しかし頂点・面の総数は，上記の機械的計算で求めた値と等しい．

表5.2　4次元正多面体を対称超平面で切った切り口

N_3	個数	形	その面	辺	頂点	面の形と数
5	10	三角錐	4	6	4	正三角形1，二等辺三角形[1] 3
8	4	立方体	6	12	8	正方形6
	12	直方体	6	12	8	正方形2，長方形[2] 4
16	4	正八面体	8	12	6	正三角形8
	12	双四角錐	8	12	6	二等辺三角形[1] 8
24	12	立方八面体	14	24	12	正方形6，正三角形8
	12	菱形十二面体	12	24	14	菱形[3] 12
120	60	四十二面体	42	120	80	正五角形12，六角形30
600	60	八十面体	80	120	42	正三角形20，二等辺三角形[1] 60

1)　二等辺三角形はすべて正四面体の対称面による切り口で，斜辺 : 底辺 $=\sqrt{3}:2$ の三角形．

2)　辺が $1:\sqrt{2}$ の白銀比長方形．現在日本の紙の規格判に相当．

3)　対角線の長さが $1:\sqrt{2}$ の白銀比菱形．

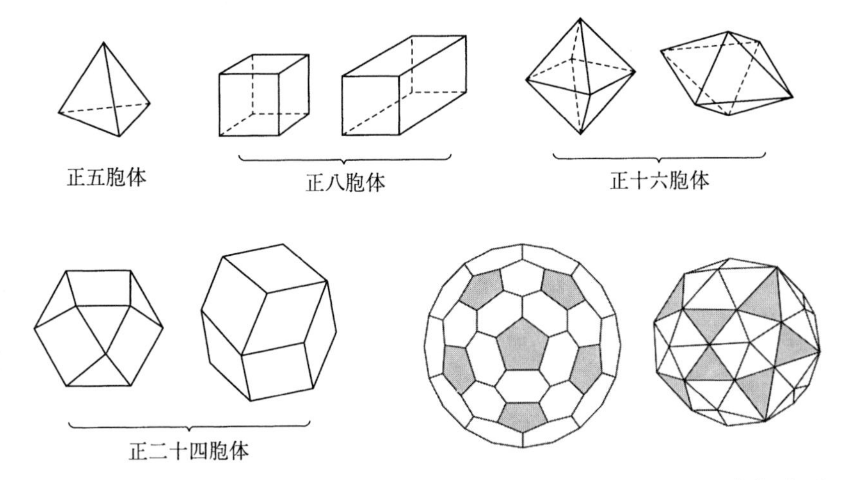

図 5.2　4 次元正多面体の対称超平面による切り口

以上は必要条件のみだが，(5.8)の 6 種はすべて構成可能である．詳細は略すが，標準的な位置においた頂点の座標で表わすのが便利である(文献[28])．

4 次元正多面体のうち (3,3,4)(正軸体)と (3,4,3) とはともに二面角が 120° で，空間充填形を作ることができる．後者は 4 次元の体心立方格子と同じで，D_4 格子とよばれる．

ここで必要な 4 次元正多面体の Petrie 数 h と Petrie 列 k_i とは，基本行列の固有値として計算できる(定理 5.1 の 3°)．固有方程式は $\lambda=\cos(\pi/h)$ として，λ^2 に関する 2 次方程式になる．計算を容易にするために，倍角を未知数として

$$X = 2(2\lambda^2-1) = 2\cos(2\pi/h)$$

に関する 2 次方程式に書き直すと

$$X^2-4\left(1-\cos^2\frac{\pi}{p}-\cos^2\frac{\pi}{q}-\cos^2\frac{\pi}{r}\right)X+4\left(\cos\frac{2\pi}{p}\cos\frac{2\pi}{r}-2\cos^2\frac{\pi}{q}\right)=0 \tag{5.16}$$

となる．個々の場合の h と h/k_2 の値を表 5.3 にまとめた．表のうちで (p, q, r) に対してその双対の (r, q, p) は同一の式になるので省略した．便宜上，$\tau=(\sqrt{5}+1)/2$ とおいた．cos の引き数は，数値計算の便宜上ラジアンでなくて度で表現した．

表 5.3　4 次元正多面体の固有方程式

p q r	固有方程式	解 $X/2$	h	h/k_2
3 3 3	$X^2+X-1=0$	$\tau^{-1}/2=\cos 72°,\ -\tau/2$	5	5/2
4 3 3	$X^2-2=0$	$\sqrt{2}/2=\cos 45°,\ -\sqrt{2}/2$	8	8/3
3 4 3	$X^2-3=0$	$\sqrt{3}/2=\cos 30°,\ -\sqrt{3}/2$	12	12/5
5 3 3	$X^2-\tau^{-1}X-\tau^2=0$	$[\tau^{-1}\pm\sqrt{3(1+\tau^2)}]/2$*)	30	30/11

*) $\frac{X}{2}=\frac{1}{2}\cdot\frac{\tau^{-1}}{2}\pm\frac{\sqrt{3}}{2}\cdot\frac{\sqrt{1+\tau^2}}{2}=\sin 30°\sin 18°\pm\cos 30°\cos 18°$
$=\cos 12°$　または　$-\cos 48°=\cos 132°$

最後に 5 次元正多面体 (p, q, r, s) の可能性を考える．4 次元正多面体 (p, q, r) の二面角 δ は，定理 5.1 の 4° から

$$\sin^2\frac{\delta}{2}=\frac{\cos^2(\pi/r)\sin^2(\pi/p)}{\sin^2(\pi/p)-\cos^2(\pi/q)} \tag{5.17}$$

と表わされる．δ の具体的な値は表 5.1 に示した．5 次元正多面体 (p, q, r, s) ができるための必要条件は $\delta s<2\pi$ (360°) である．これは (5.17) $<\sin^2(\pi/s)$ と同値である．この不等式を整理すると

$$\frac{\cos^2(\pi/q)}{\sin^2(\pi/p)}+\frac{\cos^2(\pi/r)}{\sin^2(\pi/s)}<1$$

と表わされる．これは(5.6)から，3 次元正多面体 (p, q) と (s, r) の二面角を $\delta_{p,q}, \delta_{s,r}$ と表わすとき

$$\delta_{p,q}+\delta_{s,r}<\pi \quad (180°) \tag{5.18}$$

と同値である．(5.18)を満足する (p, q, r, s) は (3, 3, 3, 3), (4, 3, 3, 3), (3, 3, 3, 4)，すなわち標準正多面体に限る．したがって 6 次元以上についても，正多面体は 3 種の標準正多面体しか存在しない．

§5.2　球の充塡と格子

(a)　球の充塡問題

次元 n を定める．同じ大きさの多数の球を，その境界点以外には互いに共有点がないように，できるだけ多数を詰め込むには，どのように配置したらよいか？　これが一般的な**球の充塡問題**である．ここで配置すべき領域を限定すると，大変に困難な，ときとしてパズル的な問題になる．そのような研究も多数

あるが，ここで扱うのは，領域に制限がない全空間の場合である．特に3次元の場合には，結晶学・構造化学などと直結する問題である．充塡問題のうち，特に1個の球に対して互いに重ならない同じ大きさの球が最大何個接しえるかを問うのを(**最大**)**接触数**(kissing number)**の問題**という．ここで“kiss”は撞球からきた用語であり，英語圏では普通の日常語である．

多くの場合，最密充塡は整然とした**格子**によって表わされる．格子とは有限個の基底ベクトルから，それらの整数係数一次結合によって生成される点の集合である．格子に限定すれば，充塡問題は行列の固有値問題の一環として論じることができる場合が多い．ただし次元によっては，最大接触数が整然とした格子でなく，一見ランダムな配置によって実現される場合もあるので，問題が困難になる．球の充塡および接触数問題はHilbertのパリ講演にも，第18問題の一部にとり上げられている．

接触数について $n=1$ の場合は自明である．$n=2$ のとき最大接触数が6で，それが正三角形状の格子配列(A_2 格子)によって実現されることは，容易に証明できる．では $n=3$ では？

これに対して17世紀後半にNewtonとGregoryの間で大論争があった．Newtonは中心球の周りとして，まず平面上に6個の球を並べその上下に3個ずつ合計12個の球の配列を考え，それが最大と信じたらしい．これは上下の球の位置に応じて，**面心立方格子**あるいは**六方最密格子**の一部分になる．また周囲の12個の球の中心を結べば**立方八面体**とよばれる準正多面体をえる．

格子については，面心立方格子が3次元空間全体において，同じ大きさの球の最密充塡を与えることをGaussが証明している．それは今日の言葉でいえば，2次形式の標準化とその極値問題である．格子に限らず任意の充塡に対して最密かは**Keplerの問題**とよばれる古典的な難問だった．「証明」が発表されて不完全だった例があったが，最近Thomas C. Halesが[1]肯定的に解決したと伝えられている(なお文献[29]参照)．

他方Gregoryは正二十面体を考えた．少し計算すると，正二十面体の外接球

1) T. C. Hales, An overview of the Kepler conjecture LANI. e-print, Archive math. MG/9811071; http://xxx.lanl.gov/. 概要は次の論文にある．T. C. Hales, Cannonballs and Honeycombs, Notice of the Amer. Math. Soc., **47**(4) (2000), 440-449.

の半径(中心と頂点の間の距離)は，1辺の長さよりも僅かに短いことがわかる(正確にはその比は $\cos 18^\circ = \sqrt{10+2\sqrt{5}}/4 = 0.951\cdots$)．したがって中心球のまわりに，同じ半径の球12個を正二十面体の頂点の位置に配置すれば，互いに僅かの隙間ができる．Gregory は，その隙間をうまく集めれば，もう1個球をおく余裕ができるのではないかと考えた(もちろん実際に実現したわけではない)．それ以来3次元の球の接触数問題は，**十三球の問題**という名で知られるようになった．これが難しいのは，最大と予想される12球の配置が一意的でない点にある．

これが1874年に3人の学者 Bender, Günter, Hoppe によって独立に解決されたように記述した本がある．しかし現在では彼らの論文は，問題の再提起だったり，14個以上はおけないという既知の結果だけだったり，証明を試みたが不備が指摘されたりして，いずれも正しくないと判定されている．十三球の問題に関する最初の正しい証明(13個おくことはできない)は，van der Waerden と Schütte による1953年の論文[1]というのが今日の定説である．

その後一種の非線型計画法による証明がなされた．すなわち3次元空間に，13個の点を，原点からの距離が1以上，互いの距離も1以上という条件の下で配置したとき，原点からの最大距離の最小値をコンピュータで求めたところ，それが1より真に大きい(1.02強)ことを確かめた方法である．筆者の期待にすぎないが，4次元の場合(予想は24で，25を否定する)にも，類似の方法が使えないかと希望している．

現在まで最大接触数が確定しているのは $n=1(2), 2(6), 3(12), 8(240), 24(196560)$ (括弧内は最大接触数)だけである．3次元の場合以外は，いずれも最大値を与える配置が本質的に一意的であることが，証明の鍵になっている．それ以外の次元の場合でも，下限(格子などで実現できる数)と上限(立体角などに基づく評価)が既知の例は多いが，両者の間に大きな開きが残されている．n の整数論的性質も影響し，概して n が偶数の場合が比較的よくわかっている．

この本では特に $n=8, 24$ の場合について，最密充塡を与える格子の構成法を略述する．それらは符号系や単純群など，思いがけない分野に関連がある点に

1) K. Schütte & B. L. van der Waerden, Das Problem der dreizehn Kugeln, Math. Annales., **125** (1953), 325-334.

興味がある．

格子については，点相互間の距離は，実際の距離そのものよりも，その2乗すなわち座標成分の差の2乗の和自身を使うほうが便利(整数であるため)なので，それを**ノルム**とよんで使用する．また具体的な格子の多くは，単純 Lie 環のルート系から生成されるので(詳しい説明は省略するが)，しばしばそのルート系の名でよぶ．

例 5.1 結果だけを述べる．平面の正三角形状の格子は $\mathbf{A}_2$ **格子**，正方形格子は $\mathbf{D}_2$ **格子**とよぶことができる(図5.3)．それぞれを $\mathbf{G}_2$ **格子**，$\mathbf{B}_2$ **格子**とよんでも格子としては同一である．3次元の $\mathbf{A}_3$ **格子**($=\mathrm{D}_3$ 格子)は**面心立方格子**を与える．4次元の $\mathbf{D}_4$ **格子**(F_4 格子も結果的には同一)は4次元の体心立方格子であり，正二十四胞体による4次元空間の充塡形に相当する．後述の8次元格子は例外型 Lie 環に属する E_8 格子である． □

注 D_2 は単純環ではない(A_1 の2個の直積と同型)ので，Lie 環論ではそういう記号は使われないが，しいて作れば上述のようになる．3次元以上の単純立方格子(A_1 の直積)は，隙間が大きすぎて「安定性」に欠ける印象である．

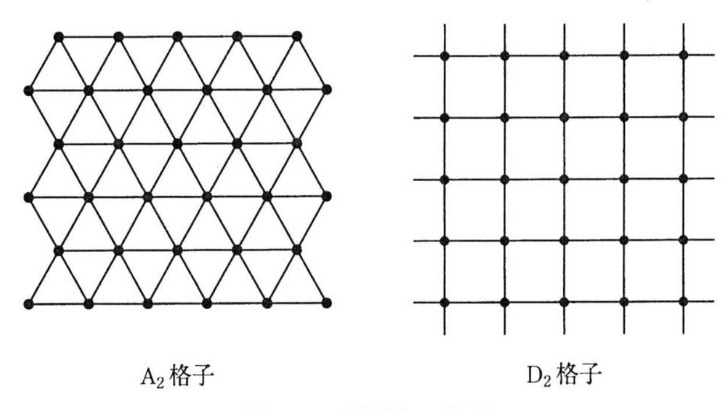

図 5.3 平面上の格子

(b) 8次元の場合．Cayley 整数と E_8 格子

8次元空間の密な $\mathbf{E}_8$ **格子**にはいくつかの構成法があるが，ここでは Cayley 整数と関連して論じる．

よく知られているように，複素数体 $\mathbf{C}$ は代数的閉体であり，四則演算の公式すべてを保存したままでは，有限次拡大はできない．しかし乗法の交換法則を捨てれば，Hamilton の**四元数 H** ができる．近年，3次元空間の回転が四元数に関する積によって簡単に表現できるという事実が，コンピュータグラフィックスに活用されている(文献[28]参照)．

さらに乗法の結合法則を緩めれば，Cayley の八元数 **O** ができる．これはしばしば「Cayley 数体」とよばれるが，厳密にいうと「体」ではなく「体もどき」である．

八元数の記号は必ずしも統一されていないが，原理的には $e_0=1$ と7個の虚数単位 e_i $(i=1,2,\cdots,7)$ の実数係数 a_i による一次結合 $\sum_{i=0}^{7} a_i e_i$ である．加減算は成分ごとに行なう．乗法は，単位同士の積から作られ，一般的に

$$e_0e_i = e_ie_0 = e_i, \quad e_i^2 = -1, \quad e_ie_j = -e_je_i \qquad (i \neq j) \tag{5.19}$$

だが，$e_ie_j=\pm e_k$ とする i, j, k の組合せと符号には，いくつかの流儀がある．以下の定義も必ずしも標準的ではなく，本項での便宜上のものである．

さて**結合法則**

$$(e_i \cdot e_j) \cdot e_k = e_i \cdot (e_j \cdot e_k) \tag{5.20}$$

は，i, j, k 中に0(実数)が含まれるときと，(i, j, k) のうちに同一の番号があるときにはつねに成立するが，i, j, k が $1, 2, \cdots, 7$ のうちで，すべて相異なるときには必ずしも成立しない．(5.20)が成立する (i, j, k) を**結合組**(associative triple)とよぶ．これについて次の性質が知られている．

1° i, j, k がこの順序で結合法則を満たせば，どのように順序を変えても結合法則が成立する．その意味でこの三つ組そのものを「結合組」とよんでよい．

2° 結合組でない (i, j, k) については，**反結合則**

$$(e_i \cdot e_j) \cdot e_k = -e_i \cdot (e_j \cdot e_k) \tag{5.21}$$

が成立する．

3° 任意の i, j $(=1, \cdots, 7;\ i \neq j)$ に対して，(i, j, k) が結合組である k がただ一つ存在する．任意の2個の相異なる結合組は，必ず1個の番号を共有する．結合組は全部で7組ある．

したがって $i \in \{1, 2, \cdots, 7\}$ を点，結合組を直線とよぶならば，この体系は，第3章の冒頭に述べた射影幾何の公理系を満たす．ただし標数2の有限幾何であるため，公理3.4は除外する．これは有限体 $\mathbf{Z}_2$ 上の2次元射影幾何であって，**Fano 平面**とよばれている(図5.4)．この形では i を3 bit の二進数で表わし，

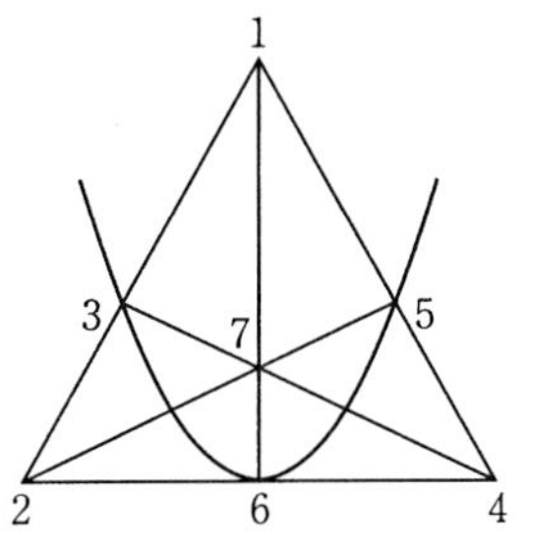

図 5.4 Fano 平面

(i, j, k) についておのおのの bit の排他的離接(exclusive OR)を和(二進和)としたとき，和が 0 になる組

$$(1,2,3),\ (1,4,5),\ (1,6,7),\ (2,4,6),\ (2,5,7),\ (3,4,7),\ (3,5,6)$$

を結合組とするのが便利である．

定義 5.4 **Cayley 整数**とは，「整数」に類似した Cayley 数中の部分環(もどき)だが，係数 a_i が整数の値のものだけでは不足である．全成分 a_i が 1/2 の奇数倍の数を加え，さらに次のような**混合型の数**をも加える．

$\{a_i\}$ のうち 4 個が整数，他の 4 個が 1/2 の奇数倍；ただし整数である番号は任意でなく，次の 14 組に限る：(i, j, k) が結合組である三つ組に 0(実数)を加えた集合，および $\{0, 1, \cdots, 7\}$ に対するその補集合． □

このような点をすべてとると，8 次元空間内で，隣り合う(最近の) 2 点間の距離がすべて 1 である格子ができる．原点に隣接する点は下記の 240 点あり，それらを原点と結ぶベクトルが例外型単純 Lie 環 E_8 のルート系を表わすので，この格子を **E_8 格子**という．原点においた半径 1/2 の球に接する互いに重ならない同じ半径の球を，原点の隣点におけば 240 個の球が接するようにできる．8 次元空間における球の接触数は 240 であり，その配列は本質的にこの形しかない．

E_8 格子において原点からの距離が $\sqrt{n}$ (ノルムが n；$n \geqq 1$) である格子点の個数は，

$$240\sigma_3(n), \qquad \sigma_3(n) = n \text{ の約数の 3 乗の和}$$

と表わされることが知られている．

例 5.2 n が小さい場合を確かめてみる．$n=1$ のときは，単位点(一つの成

分だけが ± 1)が16点，4個の成分が $\pm 1/2$ で他が0の点が $14\times 2^4=224$ 点，合計240点である．$n=2$ のときは，2個の成分が ± 1，他が0の点が $28\times 2^2=112$ 点，全成分が $\pm 1/2$ の点が $2^8=256$ 点，4個の成分が $\pm 1/2$ で他の4個のうち ± 1 が1個，他が0の点が合計 $14\times 2^5\times 4=1792$ 点，合わせて $2160=240\times(1^3+2^3)$ 個である．$n=3$ のときは，± 1 が3個，他が0の点が $56\times 2^3=448$ 点，4個が $\pm 1/2$，残りの2個が ± 1，他が0の点が $14\times 2^6\times 6=5376$ 点，3個が $\pm 1/2$，1個が $\pm 3/2$，他が0の点が $14\times 2^4\times 4=896$ 点，合計 $6720=240\times(1^3+3^3)$ 個である． □

ところでCayley整数は(拡張された)Euclid域か？　つまり次の結果は正しいか？

定理5.5　2個のCayley整数 α, β $(\beta\neq 0)$ があるとき，余りを出す除法ができる：すなわち，N をノルムとして

$$N(\alpha-\beta\gamma) < N(\beta) \quad \text{あるいは} \quad N(\alpha-\gamma\beta) < N(\beta) \tag{5.22}$$

を満たすCayley整数 γ が存在する． □

成分がすべて整数や1/2の奇数倍の点だけを考えたのでは，隙間が多すぎてこれが成立しない．それだから前記のように混合型の数をも加える必要がある．定理5.5は自明なようで，殊の外難しい．Cayley自身が証明を試みて失敗したのは有名な逸話である．20世紀に入ってから，証明したと称する論文がいくつか出たが，皆うっかり計算の途中に結合法則を使ったため，正しい証明ではなかった．じっさい定理5.5は永らく「数学者は誰しも正しいと信じているが，厳密な証明がない定理」だった．

これを初めて証明した人物は不明だが，Coxeter(1946年)[1]の論文のは正しい証明である．

[略証]　E_8 格子の各格子点の勢力域のうち，中心から最遠点までの距離が，1より真に小さい普遍定数 c 以下であることを証明すればよい．前節で8次元空間において，2個の正軸体と1個の正単体を組み合わせて空間充填形ができる可能性を述べた．Coxeterが示したのは，それが実際に可能であり，しかもCayley整数の作る格子がその具体形であるという事実である．例えば原点，

1)　H. S. M. Coxeter, Integral Cayley Number, Duke Math. J., **13**(1946), 561-578. 文献[18]に再録されている．

+1 を表わす点，実数成分が 1/2 で他の 3 個がすべて +1/2 である原点の隣点の合計 7 点(他の 1/2 の番号が結合組をなすもの)，合わせて 9 点は，辺長がすべて 1 の正単体である．他方，原点と全成分が 1/2 の点を軸として，両者から等距離にある 4 成分が 1/2，他の 4 成分が 0 である合計 14 点，合わせて 16 点が正軸体を作る．詳しく調べるとこのような正多面体の族が隙間なく全空間を覆う．

正軸体，正単体のうち，頂点から最も遠い点はその中心であり，その距離は 8 次元のとき，それぞれ $1/\sqrt{2}, 2/3$ である．したがって前記の普遍定数を $c=1/\sqrt{2}<1$ ととることができる． ∎

この証明は，代数的な計算ではうまくゆかなかった難問を，純幾何学的な図形上の考察から鮮やかに解決した稀有の例と思う．

E_8 格子の構成法は他にもあるが，次項への準備として，別の解釈を与える．以下の目的には 8 個の成分の順序を多少変更したほうがわかりやすいが，前のままで論じる．

表 5.4 Cayley 整数の符号系

	符号		符号
0000 0000	0	1111 1111	F
0000 1111	1	1111 0000	E
0011 0011	2	1100 1100	D
0011 1100	3	1100 0011	C
0101 0101	4	1010 1010	B
0101 1010	5	1010 0101	A
0110 0110	6	1001 1001	9
0110 1001	7	1001 0110	8

左から第 1, 2, 3, 5 番目が，4 bit の符号であり，
第 4 番目は parity bit とみなすことができる．
10〜15 を表わす十六進数を A〜F で表わした．

E_8 格子の格子点として許される座標のうち，1/2 の奇数倍の位置を 1，整数の位置を 0 で表わすと，表 5.4 のような 16 個のパターンになる．これらを 8 bit の符号系と考えると，互いに少なくとも 4 bit が違うから，1 bit の誤りは完全に訂正できる．各符号の左から 1, 2, 3, 5 番目の 4 bit を二進数として読むと，ちょうど 0〜15 の数を 1 個ずつ表わしている(表中の符号欄)．したがってこれは 4 bit の符号語に 4 bit の検査 bit をつけた符号系と解釈できる．このうち左

から第4の bit は parity bit(全体に1が偶数個になるように付加した bit)とみなすとよい．

これは **Hamming 符号系**とよばれる古典的な符号系の特別な場合である．この考え方が次の24次元の場合に有用である．

6次元と7次元の場合　現在までに知られている7次元，6次元の最も密な格子は **E_7 格子，E_6 格子**で，それぞれ接触数 126, 72 を与える．これらは E_8 格子の部分格子である．前記のように E_8 格子を作るとき，一つの座標，例えば最初の成分(Cayley 整数でいえば実数部)が0である点のみをとると，7次元空間内の E_7 格子となる．E_6 格子は，前述の Cayley 整数でいえば，実数部および最初の4個の成分の和が0である点のみをとればよい．ただし E_6 格子は A_2 格子と D_4 格子の直積に埋め込むことができる形である．そのため，7次元空間においては整数座標で実現できるが，6次元空間内で作ると，一部の座標に $\sqrt{3}$ の有理数倍といった無理量が入るのが避けられない．これは平面の A_2 格子も同様である．

(c)　24次元の場合．Golay 符号系と Leech 格子

一般に n bit 二進符号系で l bit までの 0, 1 の誤りが完全に訂正できる符号系を (n, l) **完全符号系**という．そのためには，$\binom{n}{k}$ を二項係数 $\dfrac{n!}{k!(n-k)!}$ とおくとき，必要条件

$$\sum_{k=0}^{l}\binom{n}{k}=2^m \qquad (m \text{ は整数}) \tag{5.23}$$

が成立しなければならない．符号として意味があるのは $(n-m)$ bit (2^{n-m} 個)である．ただし全体に parity bit(特に1が偶数個になるように)を付加して $(n+1)$ bit とすることが多い．

条件(5.23)が成立するのは，限られた (n, k, m) だけである．$l=n$ とすれば $m=n$ が成立するが，符号語としては無意味である．これが可能なのは次の場合に限る．

1°　n が奇数で $l=(n-1)/2$, $m=n-1$．これは**多数決符号**を表わす．

2°　$n=2^m-1$, $l=1$ のとき．符号語は $(n-m)$ bit である．これは **Hamming 符号系**に他ならない．$m=3$ の場合を前項で解説した．

3° 散発型の例外. $n=23$, $l=3$, $m=11$ が(5.23)の成立する唯一の例外である(文献[21]の第2章). そのとき以下に解説するGolay符号系が実現できる.

なお三進符号系にも散発型の「三進Golay符号系」とよばれる例外的な体系があり, それから12次元のかなり密な格子ができる. しかし以下の議論とは無関係なので解説を省略する. 区別して以下のを二進Golay符号系ともいう.

Golay符号系: Golay符号系は元来は上記のような23 bit, $2^{12}=4096$ 語で3個までの誤りが訂正できる符号系であるが, 以下ではこれに偶数parity bitを加えて24 bitにした符号系をもっぱら使用する. 以下の算法で構成するのがわかりやすい.

定義5.5 1° 符号語(0～4095の二進数)12 bitを左側におき, その右に11 bitの検査bitをつけ, 右端に全体で1が偶数個になるようにparityをつける.

2° 符号語0に対しては全0の符号をとる.

3° 符号語1に対する符号は次のとおりである.

$$\underbrace{000000000001}_{\text{符号語}} \vdots \underbrace{01000111011}_{\text{検査 bit}} \vdots \underset{\text{parity}}{1} \tag{5.24}$$

この検査bitは次のようにして構成できる. その位置を左から10, 9, …, 1, 0とする. このとき数 k が素数11に対して平方剰余のとき1 ($k=0$ も含む), 平方非剰余のとき0とする. 右端はparity bitで, 全体として1が8個となる.

4° 符号語 2^k ($k=1, 2, \cdots, 10$) に対する符号は, (5.24)の左側の符号語12 bitと, 次の検査用11 bitとを, それぞれ左に ($k-1$) 桁巡回シフトし(左端の符号を右端に送る), 末尾のparity bitはそのままにしてえられる.

5° 0～2047($=2^{11}-1$) の符号, すなわち左端が0の符号語に対するものは, 左側を二進数と考え, その各bitに対する4°で作った符号を, 桁ごとの二進和(排他的離接)の演算で加えてえられる符号である.

6° $m=2048(=2^{11})$～$4095(=2^{12}-1)$, すなわち左端が1である符号語に対する符号は, その補数 $4095-m$ に対して5°で作った符号の0, 1をすべてとりかえた補符号である. 以上がGolay符号系の構成である. □

これらの合計4096個の符号語の集合は, 二進和の演算で加群をなす. 全0と全1を除いた4094個の符号は, 1が8個, 12個, 16個のいずれかであり, 相異

表5.5　Golay 符号の分類

符号語	1が8個	1が12個	1が16個	計
1～2047	506	1288	253	2047
2048～4094	253	1288	506	2047
計	759	2576	759	4094

なる2個の符号は，少なくとも8 bitが異なる．さらにおのおのの個数は表5.5のとおりである．

以上は理論的に証明できるが，コンピュータで構成して調べることもできる．

Leech 格子：　John Leechが1967年に構成した24次元のきわめて密な格子である．Conwayはこれを活用して「Conwayの群」とよばれる散発単純群を構成した(1969年)．

以下では1/2, 1/4などの分数を避けるために，全体を8倍して，成分をすべて整数として定義する．このとき点間のノルムはすべて16の倍数になり，原点からの距離が$\sqrt{16n}$である点が第n層である．

生成元で表わすこともできるが，構成に便利なように次のように記述する．便宜上，偶点と奇点に分ける．

偶点：　すべての成分が偶数(0を含む)で，Golay符号系のおのおのに対し，1のある位置は2の奇数倍，0のある位置は4の倍数であり，かつ全成分の代数和が8の倍数である格子点である．

奇点：　すべての成分が奇数で，全成分の代数和が4の奇数倍である格子点のうち，次のようにして生成される点である．上記の条件を満たし，すべての成分が，代数的に4を法として1と合同な整数1, −3, 5, −7, 9, −11, … だけからなる点を**代表点**とよぶ．Golay符号系の各要素に対して，1がある位置に対する成分全体の符号を変えた点$2^{12}=4096$個の組をとる．代表点は全0の符号に対応する．

例5.3　$n=1$に相当するノルム16の点は存在しない．$n=2$に相当するノルム32の点は次のとおりである：

偶点：　±4が2個，他が0の点，$24\times23\times2^2\div2=1104$個．8個の1があるGolay符号系に対応する位置に，絶対値が2の成分が8個，他が0の点で，+2, −2がともに偶数個の点，$759\times2^7=97152$個．併せて偶点は合計98256個ある．

奇点： 1が23個，-3が1個の点が代表点で，奇点は全体として$2^{12}\times24=98304$個ある．

偶点，奇点の総計は$196560=65520\times3$個である．

この第2層が24次元の球の最大接触数である．この値を与える球の配置は本質的に1通りであることが証明されている．

その次の$n=3$に相当するノルム48の点を計算すると，次のとおりである．

偶点： ±4が3個は，和が8の倍数でないので許されない．12個の1をもつGolay符号系の1の位置に±2をおき，全体として$+2,-2$を偶数個にした点が$2576\times2^{11}=5275648$個．8個の1をもつGolay符号系の1の位置に±2をおき，他に1個±4，残りを0とした点が$759\times2^7\times16\times2=3108864$個．併せて偶点の総数は8384512個となる．

奇点： 代表点は1が23個，5が1個のものと，1が21個，-3が3個のものと2種ある．奇点は合計して$2^{12}\times(24+24\times23\times22\div6)=8388608$個ある．

偶点，奇点の総計は$16773120=65520\times256$個である． □

一般にLeech格子で原点からのノルムが$16n$の点数は$65520=16\times4095$の整数a_n倍である．nの約数の11乗の総和を$\sigma_{11}(n)$で表わすと，大ざっぱには点の総数はほぼ$\sigma_{11}(n)$の95倍であるが，厳密にはRamanujuan関数$\tau(n)$を補正して

$$\text{総数は } 65520a_n; \qquad a_n=\frac{\sigma_{11}(n)-\tau(n)}{691} \tag{5.25}$$

と表わされる．(5.25)の右辺は必ず整数である．文献[20]に$n=50$までの$65520\times a_n$の値の表がある．多くのa_nは3の倍数だが，$n=3,9$などそうでない場合もある．

演習問題

5.1 定理5.1の記号により，3種の標準正多面体について，$\det(I+W(p_1,\cdots,p_{n-1}))$の値を，$n$に関する漸化式によって求め，それから二面角の値((5.1),(5.2)など)を確認せよ．

5.2 3次元正多面体では，Petrie多角形の中点は同一平面上にあって，正h角形をなし，それが回映面である(すなわちそれで切った2個の立体が合同であり，一方

をある角度だけ回転すると，面対称図形になる)．このことを活用して，対称超平面が $3h/2$ 枚あることを説明せよ．

5.3　4次元正多面体の2個の対称超平面の交わりとしてできる多角形の種類，形，重複度などを考察せよ．

5.4　3次元正多面体 (p, q) について，面，辺，頂点の個数を F, E, V とし，Petrie数を h とするとき，次の等式を証明せよ(場合が有限個だから個々に確認はできるが，一般的に証明せよ)．

$$2^2E + q^2V + p^2F = 6h^2$$

5.5　D_4 格子において，原点からのノルムが n である点の個数が $24\sigma_0(n)$ ($\sigma_0(n)$ は n の奇数の約数の和)であることと，各格子点の勢力域の体積が $1/2$ であることを使い，級数の和 $\sum_{n=1}^{\infty}(1/n^2) = \pi^2/6$ を証明せよ．

5.6　E_8 格子の部分格子として，E_6 格子，E_7 格子の原点からのノルムが $1, 2, 3$ である格子点の総数を求めよ．

参考書

初等幾何学に関する書物は多いが，本書に直接関連した内容で，現在入手できるものは少ない．以下には，現在入手できるか否かを問わず，本書をまとめるのに利用した文献を中心に掲げる．幾何学教育に関連した文献は除外した．

全般および第1章

[1]　彌永昌吉, 幾何学序説, 岩波書店, 1968.

[2]　Coxeter, H. S. M., Introduction to Geometry, John-Wiley, 1965.　(邦訳)銀林浩, 幾何学入門, 明治図書, 1969.

[3]　ヒルベルト, 幾何学の基礎；クライン, エルランゲンプログラム(現代数学の系譜 7)(寺阪英孝訳), 共立出版, 1970.

第2章

[4]　窪田忠彦, 解析幾何学 I, 内田老鶴圃, 1937.

[5]　Rouché, E. & de Comberiusse, Ch., Traité de géométrie, I, II, 8ème éd., Gauthier-Villars, 1912.

以下特定の項目についての文献を挙げる．

[三角形幾何学と重心座標について]

[6]　Gale, D., From Euclid to Descartes, from Mathematics to Oblivion ?, Math. Intelligencer, **14**(2) (1992), 68-69.

[反転幾何学と複素数平面について]

[7]　Schwerdtfeger, H., Geometry of Complex Numbers; Circle Geometry, Moebius Transformation, Non-Euclidean Geometry, Dover, 1979.

[作図問題について]

[8]　柳原吉次, 初等幾何学作図問題(岩波講座『数学』), 岩波書店, 1933.

[9]　矢野健太郎・一松信, 角の三等分(改訂版), 日本評論社, 1984.

[正多面体について]

[10]　Tóth, F. L., Regular Figures, Pergamon, 1964.

[11] 一松信, 正多面体を解く, 東海大学出版会, 1983, 改訂新版 2002.

第3章

[12] Coxeter, H. S. M., Projective Geometry, 2nd ed., Springer, 1987.
[13] Cedeberg, J. N., A Course in Modern Geometry, Springer, 1991.
[14] 寺阪英孝, 幾何とその構造, 日本評論社, 1992.

ただし [13], [14] には第2章に関連した話題も多い.

非 Euclid 幾何学について(射影幾何の面から)は, 上記 [12], [13], [14] にも記述があるが, さらに次の文献に詳しい解説がある.

[15] 西内貞吉, 非ゆーくりっど幾何学(岩波講座『数学』), 岩波書店, 1933-1935.

第4章 [第2章の文献のほか]

[16] Conway, J. H., Triangles, 私家版, 1997.

本の形まで三角形に作られた珍書と伝えられる. 学会で聞いた内容の一部を自分流に整理して本文に加えたが, 残念ながら筆者はまだ実物を見ていない.

第5章 [正多面体について]

前記文献[10], [11]のほか

[17] Coxeter, H. S. M., Regular Polytopes, Toronto Univ. Press, 1948 ; 改訂新版, Dover, 1973.
[18] Coxeter, H. S. M., Twelve Geometric Essays(論文集), Southern Illinois Univ. Press, 1968.
[19] Coxeter, H. S. M., Kaleidoscopes(選集), Wiley-Interscience, 1995.

[球の充塡について]

[20] Conway, J. H. & Sloan, N. J. A., Sphere Packings, Lattices and Groups, Springer, 1988, 改訂版 1998.
[21] Ebeling, W., Lattices and Codes, Advanced Lectures in Mathematics, Vieweg, 1994.

本文で参照した書籍

[22] 藤重悟, 離散数学(岩波講座『応用数学』基礎 12), 岩波書店, 1998.
[23] 小松彦三郎, ベクトル解析と多様体 I, II(岩波講座『応用数学』基礎 6), 岩波

書店, 1999.

[24] 佐々木建昭・今井浩・浅野孝夫・杉原厚吉, 計算代数と計算幾何(岩波講座『応用数学』方法 9), 岩波書店, 1998.

[25] 山崎圭次郎, 基礎代数(岩波講座『応用数学』基礎 7), 岩波書店, 1998.

[26] 伊理正夫, 一般線形代数, 岩波書店, 2003.

[27] 服部晶夫, 多様体のトポロジー, 岩波書店, 2003.

[28] Lo Jacomo, F., Visualiser la quatrième Dimension, Publ. Vuivert, 2002.

4 次元正多面体の具体的構成法を，四元数を活用し多くの図によって解説している．

[29] Henk, M. & Ziegler, G. M., Kugeln im Computer——Die Kepler-Vermutung, M. Algner & E. Behrends 編, Alles Mathematik(論文集), 第 2 版, Vieweg, 2003, p. 153–175.

3 次元の球の充填問題，特に Kepler 予想のコンピュータによる解決の解説．なおこの本は講演集で，現代数学諸方面の新鮮な題材 23 篇からなる．

演習問題解答

第2章

2.1 本文15ページの諸公式を使い，中線定理により

$$\begin{aligned} 2\mathrm{IQ}^2 &= \mathrm{IO}^2+\mathrm{IH}^2-\mathrm{OH}^2/2 \\ &= R^2-2Rr+2r^2+4R^2-(a^2+b^2+c^2)/2-[9R^2-(a^2+b^2+c^2)]/2 \\ &= R^2/2-2Rr+2r^2 = 2(R/2-r)^2 \end{aligned}$$

これから $\mathrm{IQ}=R/2-r=$両円の半径の差　である．

傍接円も同様に r を $-r_1$ に置き換えて計算できる．

2.2 面積の関係から，点 D_1 の重心座標は

$$-a^2/2S:(\cot \mathrm{C}+\cot\theta):(\cot \mathrm{B}+\cot\theta) \tag{1}$$

と計算できる．重心座標が

$$1/(\cot \mathrm{A}+\cot\theta):1/(\cot \mathrm{B}+\cot\theta):1/(\cot \mathrm{C}+\cot\theta) \tag{2}$$

である点を $\mathrm{P}(\theta)$ とおく．(1), (2) と A の重心座標 $(1:0:0)$ を成分とする3次正方行列式の値は，直接に計算して0であり，A, $\mathrm{P}(\theta)$, D_1 は共線である．頂点 B, C についても同様である．

2.3 補助定理　$\mathrm{A}+\mathrm{B}+\mathrm{C}=180°$ のとき

$$\begin{vmatrix} 1 & 1 & 1 \\ \tan \mathrm{A} & \tan \mathrm{B} & \tan \mathrm{C} \\ \sin 2\mathrm{A} & \sin 2\mathrm{B} & \sin 2\mathrm{C} \end{vmatrix} = 0 \tag{3}$$

これは図形的には重心，垂心，外心が一直線(Euler 線)上にあることを意味する．

［証明］ 展開して計算してもよいが，$\mathrm{A}=180°-(\mathrm{B}+\mathrm{C})$ と加法定理から

$$\begin{aligned} (\sin 2\mathrm{A})/2 &= \sin \mathrm{A}\cdot\cos \mathrm{A} = -\sin \mathrm{A}\cdot\cos(\mathrm{B}+\mathrm{C}) \\ &= -\sin \mathrm{A}\cdot\cos \mathrm{B}\cdot\cos \mathrm{C}+\sin \mathrm{A}\cdot\sin \mathrm{B}\cdot\sin \mathrm{C} \\ &= \sin \mathrm{A}\cdot\sin \mathrm{B}\cdot\sin \mathrm{C}-\tan \mathrm{A}\cdot\cos \mathrm{A}\cdot\cos \mathrm{B}\cdot\cos \mathrm{C} \end{aligned}$$

と変形すれば，第3行が第1行と第2行の一次結合で表されるので，行列式=0である．∎

(i) $$\begin{vmatrix} 1/(\cot A+\cot\theta) & 1/(\cot B+\cot\theta) & 1/(\cot C+\cot\theta) \\ 1/(\cot A+\tan\theta) & 1/(\cot B+\tan\theta) & 1/(\cot C+\tan\theta) \\ \sin 2A & \sin 2B & \sin 2C \end{vmatrix}=0$$

を示す．各列ごとに分母を払い共通因子を除けば，

$$\begin{vmatrix} \cot A+\tan\theta & \cot B+\tan\theta & \cot C+\tan\theta \\ \cot A+\cot\theta & \cot B+\cot\theta & \cot C+\cot\theta \\ 2\left(\cot A+\dfrac{\cos^2 A}{\sin\theta\cos\theta}\right) & 2\left(\cot B+\dfrac{\cos^2 B}{\sin\theta\cos\theta}\right) & 2\left(\cot C+\dfrac{\cos^2 C}{\sin\theta\cos\theta}\right) \end{vmatrix}=0$$

を示せばよい．第1行，第2行を加減して共通因子をくくりだすと，$\cot A, \cot B, \cot C ; 1, 1, 1$ に変形でき，それらを第3行に加減して $\begin{vmatrix} 1 & 1 & 1 \\ \tan A & \tan B & \tan C \\ \sin 2A & \sin 2B & \sin 2C \end{vmatrix}=0$ に帰着する．

(ii) $$\begin{vmatrix} 1/(\cot A+\cot\theta) & 1/(\cot B+\cot\theta) & 1/(\cot C+\cot\theta) \\ 1/(\cot A-\tan\theta) & 1/(\cot B-\tan\theta) & 1/(\cot C-\tan\theta) \\ \sin 2B+\sin 2C & \sin 2C+\sin 2A & \sin 2A+\sin 2B \end{vmatrix}=0$$

を示す．各列ごとに分母を払って共通因子を除き，第1行，第2行を加減して $\tan A, \tan B, \tan C$ を各列に乗じ，上2行を $1, 1, 1 ; \tan A, \tan B, \tan C$ に帰着できる．そのとき第3行は以下のようになる(第1成分のみを示す)．

$$[(\cot A-\tan A)+(\cot\theta-\tan\theta)](\sin 2B+\sin 2C) \qquad (4)$$

ここで

$$\begin{aligned} \sin 2B+\sin 2C &= 2\sin(B+C)\cos(B-C) \\ &= 2\sin A[\cos(B+C)+2\sin B\cdot\sin C] = -\sin 2A+4\sin A\sin B\sin C \\ &= 2\sin A[2\cos B\cos C-\cos(B+C)] = 4\sin A\cos B\cos C+\sin 2A \end{aligned}$$

と変形すると，式(4)において，$\cot\theta-\tan\theta$ との積，および $\tan A$ と $4\sin A\sin B\sin C$ との積の部分は，共通項をくくりだして，行列式(3)に帰着する．$\cot A$ との積は，最後の式との積で共通項 $4\cos A\cos B\cos C$ をくくりだすと，残る項は $\sin 2A(\tan A+\cot A)=2$ となり，第1行と比例して，行列式は0に等しい．

(iii) $$\begin{vmatrix} 1/(\cot A+\cot\theta) & 1/(\cot B+\cot\theta) & 1/(\cot C+\cot\theta) \\ 1/(\cot A-\cot\theta) & 1/(\cot B-\cot\theta) & 1/(\cot C-\cot\theta) \\ \sin^2 A & \sin^2 B & \sin^2 C \end{vmatrix}=0$$

を示す．(ii)の前半と同様の操作で，第1行，第2行を $1, 1, 1 ; \tan A, \tan B, \tan C$ に帰着させると，第3行第1成分は $\tan A\cdot\sin^2 A(\cot^2 A-\cot^2\theta)=\sin A\cdot\cos A(1+\cot^2\theta)+\tan A\cdot\cot^2\theta$ となる．最後の式の第1項は行列式(3)に帰着し，第2項は

第2行と比例して，行列式は0に等しい．

2.4 便宜上 $\cot\theta=t$, $\cot A=\alpha$, $\cot B=\beta$, $\cot C=\gamma$ と略記すると，軌跡は3頂点をベクトル $\boldsymbol{a}, \boldsymbol{b}, \boldsymbol{c}$ で表すとき，その上の点 $\boldsymbol{p}$ が媒介変数 t の2次式

$$\boldsymbol{p}=[(t^2+t(\beta+\gamma)+\beta\gamma)\boldsymbol{a}+(t^2+t(\gamma+\alpha)+\gamma\alpha)\boldsymbol{b}+(t^2+t(\alpha+\beta)+\alpha\beta)\boldsymbol{c}]$$
$$\div[3t^2+2(\alpha+\beta+\gamma)t+1] \qquad (\alpha\beta+\beta\gamma+\gamma\alpha=1)$$

で表される2次曲線である．しかも分母$=0$は，$\alpha+\beta+\gamma>\sqrt{3}$（不等辺三角形のとき）であって負の2実解 t_1, t_2 をもち，そのとき無限遠点になるので双曲線である．頂点を外心を始点とするベクトルで表すと，この両無限遠方向のベクトルの内積は，$A=(\alpha+t_1)(\alpha+t_2)$, $B=(\beta+t_1)(\beta+t_2)$, $C=(\gamma+t_1)(\gamma+t_2)$ とおくとき，定数因子を除いて

$$\begin{aligned}AB+BC+CA&+\left(1-\frac{2}{1+\gamma^2}\right)C[(\alpha+t_1)(\beta+t_2)+(\alpha+t_2)(\beta+t_1)]\\&+\left(1-\frac{2}{1+\alpha^2}\right)A[(\beta+t_1)(\gamma+t_2)+(\beta+t_2)(\gamma+t_1)]\\&+\left(1-\frac{2}{1+\beta^2}\right)B[(\gamma+t_1)(\alpha+t_2)+(\gamma+t_2)(\alpha+t_1)]\end{aligned} \tag{5}$$

と表される．$t_1t_2=1/3$, $t_1+t_2=-2(\alpha+\beta+\gamma)/3$, $\alpha\beta+\beta\gamma+\gamma\alpha=1$ で整理すると

$$3A=(\alpha-\beta)(\alpha-\gamma), \quad 3B=(\beta-\gamma)(\beta-\alpha), \quad 3C=(\gamma-\alpha)(\gamma-\beta)$$

であって $AB+BC+CA=0$ である．ゆえに(5)の最初の3項と，それ以後の部分で1との積の項の和は0に等しい．残りは

$$\frac{4}{9}\left(\frac{\beta-\alpha}{1+\gamma^2}+\frac{\gamma-\beta}{1+\alpha^2}+\frac{\alpha-\gamma}{1+\beta^2}\right)(\alpha-\beta)(\beta-\gamma)(\gamma-\alpha) \tag{6}$$

とまとめられる．式(6)の最初のかっこ内は，$\alpha\beta+\beta\gamma+\gamma\alpha=1$ を使うと，定数因子を除いて $\beta^2-\alpha^2+\gamma^2-\beta^2+\alpha^2-\gamma^2=0$ に帰して0に等しい．2本の漸近線のベクトルが直交するから，直角双曲線である（図A.1にKiepert双曲線の概略図を示した）．

別解 頂点A, B, Cを通り，辺AB, BC, CAと同一の角 θ をなす線束は合同であって射影的である．それを各辺の垂直2等分線で切断した点列を，それぞれ頂点C, A, Bから射影した線束は射影的であり，対応する線の交点 $\mathrm{P}(\theta)$ は2次曲線をなす（以上の術語と詳細は3.1節を参照）．直角双曲線であることも図形的に示すことができるが，上述のような内積の計算によったほうが早い．

［参照］ S. Hitotumatu, On the various centers of a triangle, 東京電機大学理工学部紀要, **7**(1995), p. 1-8.

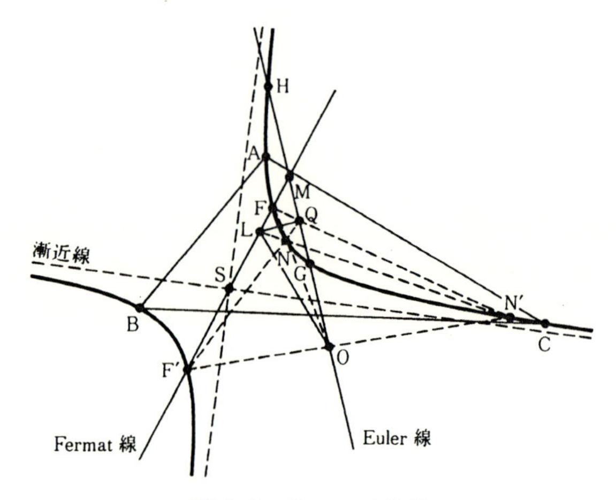

図 A. 1 Kiepert 双曲線

F : Fermat 点，F′ : 第 2 Fermat 点，G : 重心，H : 垂心，L : 擬似重心，M : 垂心と重心の中点，N : Napoléon 点，N′ : 第 2 Napoléon 点，O : 外心，Q : 九点円の中心，S : 双曲線の中心，△ABC : 原三角形，△OLQ : 自己共役三角形

2. 5 $\arg\dfrac{z_2-z_1}{z_3-z_1}$ は向きをこめた $\angle z_3z_1z_2$ を表す．4 点が同一円周上にあれば，$\angle z_3z_1z_2=\angle z_3z_4z_2$ または $\angle z_3z_4z_2+180°$ であり，非調和比 $\dfrac{(z_1-z_2)(z_3-z_4)}{(z_1-z_3)(z_2-z_4)}$ の偏角は 0° または 180° である．特に 4 点がこの順序にあれば前者に相当し，非調和比の値は正の実数である．

2. 6 線分 PQ は円 O と交わらず，PU の成分は複素数である．$1^2+\mathrm{i}^2=0$ だが $(1,\mathrm{i})\neq 0$ であるのと同様に，複素数成分では，$\mathrm{PU}^2=0$ でも P=U とは結論できない．

2. 7 円の方程式は $(x-2a)^2+(y-a^2)^2=a^4$ $(a>0)$ であり，この中心と点 $(0,1)$ との距離は a^2+1，したがって半径 1 の円 $x^2+(y-1)^2=1$ に外接する．左側は任意の点 P : (ξ,η) ; $\xi<0, \eta>2$ に対し，2 次方程式

$$2(\eta-2)t^2+\xi t-(\xi^2+\eta^2)=0$$

に正の実解があり，その t に対して $a=t$ とした円が P を通ることから，$\{x<0, y>2\}$ 全部を覆う．

2. 8 複素平面上で $z^7-1=0$，したがって $z^6+z^5+z^4+z^3+z^2+z+1=0$ を解くことになる．$z+1/z=x$ とおけば，この方程式は 3 次方程式 $x^3+x^2-2x+1=0$ に帰着する．最後の方程式は 3 実解 $2\cos(2\pi/7), 2\cos(4\pi/7), 2\cos(6\pi/7)$ をもつ．

2.9
$$\cos S = \cos(\mathrm{A}+\mathrm{B}+\mathrm{C}-\pi)$$
$$= \sin \mathrm{A} \sin \mathrm{B} \cos \mathrm{C} + \sin \mathrm{A} \cos \mathrm{B} \sin \mathrm{C}$$
$$+ \cos \mathrm{A} \sin \mathrm{B} \sin \mathrm{C} - \cos \mathrm{A} \cos \mathrm{B} \cos \mathrm{C},$$
$$\sin S = \sin(\mathrm{A}+\mathrm{B}+\mathrm{C}-\pi)$$
$$= \sin \mathrm{A} \sin \mathrm{B} \sin \mathrm{C} - \sin \mathrm{A} \cos \mathrm{B} \cos \mathrm{C}$$
$$- \cos \mathrm{A} \sin \mathrm{B} \cos \mathrm{C} - \cos \mathrm{A} \cos \mathrm{B} \sin \mathrm{C}$$

に (2.16) と 38 ページの下の公式を代入すると，

$$1-\cos S = \frac{1}{\sin^2 a \cdot \sin^2 b \cdot \sin^2 c}[(1-\cos^2 a)(1-\cos^2 b)(1-\cos^2 c)$$
$$+(\cos a - \cos b \cdot \cos c)(\cos b - \cos c \cdot \cos a)(\cos c - \cos a \cdot \cos b)$$
$$-\varDelta \cdot (\cos a + \cos b + \cos c - \cos a \cdot \cos b - \cos b \cdot \cos c - \cos c \cdot \cos a)]$$

この分子の[　]内の最初の 2 項は($\cos a=\alpha$, $\cos b=\beta$, $\cos c=\gamma$ と略記して)

$$1-\alpha^2-\beta^2-\gamma^2+\alpha^2\beta^2+\beta^2\gamma^2+\gamma^2\alpha^2-\alpha^2\beta^2\gamma^2+\alpha\beta\gamma-\alpha^2\beta^2-\beta^2\gamma^2-\gamma^2\alpha^2$$
$$+\alpha\beta\gamma(\alpha^2+\beta^2+\gamma^2)-\alpha^2\beta^2\gamma^2$$
$$=1-\alpha^2-\beta^2-\gamma^2+2\alpha\beta\gamma-\alpha\beta\gamma(1-\alpha^2-\beta^2-\gamma^2+2\alpha\beta\gamma)=\varDelta \cdot (1-\alpha\beta\gamma)$$

とまとめられ，

$$1-\cos S$$
$$=\frac{\varDelta \cdot (1-\alpha-\beta-\gamma+\alpha\beta+\beta\gamma+\gamma\alpha-\alpha\beta\gamma)}{(1-\alpha^2)(1-\beta^2)(1-\gamma^2)}=\frac{\varDelta}{(1+\alpha)(1+\beta)(1+\gamma)}$$

これは(2.24)である．同様に上の略記号により，

$$\sin S = \frac{\sqrt{\varDelta}}{\sin^2 a \cdot \sin^2 b \cdot \sin^2 c}[\varDelta-(\alpha-\beta\gamma)(\beta-\gamma\alpha)-(\beta-\gamma\alpha)(\gamma-\alpha\beta)$$
$$-(\gamma-\alpha\beta)(\alpha-\beta\gamma)]$$

[　]内は

$$1-\alpha^2-\beta^2-\gamma^2+2\alpha\beta\gamma-\alpha\beta-\beta\gamma-\gamma\alpha$$
$$+\alpha^2\gamma+\beta^2\gamma+\beta^2\alpha+\gamma^2\alpha+\gamma^2\beta+\alpha^2\beta-\alpha\beta\gamma(\alpha+\beta+\gamma)$$
$$=(1+\alpha+\beta+\gamma)(1-\alpha)(1-\beta)(1-\gamma)$$

とまとめられ，(2.25) をえる．

2.10 Monge 点 M は外心と重心を結ぶ直線(3 次元の Euler 線)上にあり，重心が外心と Monge 点の中点である．この性質を逆に使って，外心を始点とするベクトル $\boldsymbol{a}, \boldsymbol{b}, \boldsymbol{c}, \boldsymbol{d}$ で 4 頂点を表し，位置ベクトル $\frac{1}{2}(\boldsymbol{a}+\boldsymbol{b}+\boldsymbol{c}+\boldsymbol{d})$ の点を M とすると，辺 AB の中点 N と M を結ぶベクトルは $\frac{1}{2}(\boldsymbol{c}+\boldsymbol{d})$ で，辺 CD と直交する．なぜなら $|\boldsymbol{a}|=|\boldsymbol{b}|=|\boldsymbol{c}|=|\boldsymbol{d}|$ (外心が始線)で，内積 $\langle \boldsymbol{c}+\boldsymbol{d}, \boldsymbol{c}-\boldsymbol{d} \rangle=|\boldsymbol{c}|^2-|\boldsymbol{d}|^2=0$ だか

らである．したがって M は N を通って CD と垂直な平面上にある．他の辺についても同様で，M は 6 枚の平面の交点と一致する．

もし垂心が存在すれば，頂点 A, B から対面へ引いた垂線 AH, BK は同一平面 Π 上にあり，Π は辺 CD と直交するから辺 AB の中点を通って CD と直交する平面と一致する．垂心は Π 上にあり，他の辺についても同様なので，垂心は Monge 点と一致する．

（**注意**　n 次元単体の「垂心」に対応する点は，各 $(n-2)$ 次元胞の重心を通り，残りの辺に垂直な超平面の共通交点と考えるのが正しい．）

2.11　個々に考察もできるが，次のようにしたほうがよい．面の中心，辺の中点，頂点を単位球面に射影した基本三角形は合計 120 個あり，その面積が $\frac{\pi}{5}+\frac{2\pi}{5}+\frac{\pi}{2}-\pi=\frac{\pi}{10}$ または $\frac{\pi}{3}+\frac{2\pi}{5}+\frac{\pi}{2}-\pi=\frac{7\pi}{30}$ なので，全面積は $4\pi\times 3$ または $4\pi\times 7$，すなわち全周を 3 重または 7 重に覆う．

第 3 章

3.1　相応ずる頂点を結ぶ線の交点を原点にとり，非同次座標により，点をベクトルで表現する．一方の三角形の頂点を $\boldsymbol{x}_1, \boldsymbol{x}_2, \boldsymbol{x}_3$，他方のを $a\boldsymbol{x}_1, b\boldsymbol{x}_2, c\boldsymbol{x}_3$ $(a, b, c \neq 0, 1)$ とおく．直線 $\boldsymbol{x}_1\boldsymbol{x}_2$ と $(a\boldsymbol{x}_1)(b\boldsymbol{x}_2)$ との交点 $\boldsymbol{p}_3$ は $\boldsymbol{p}_3=\frac{a(b-1)}{b-a}\boldsymbol{x}_1-\frac{b(a-1)}{b-a}\boldsymbol{x}_2$ と表され，他の交点 $\boldsymbol{p}_1, \boldsymbol{p}_2$ も同様に文字を巡回的に変更して表される．このとき直接に計算して

$$(c-b)(a-1)\boldsymbol{p}_1+(a-c)(b-1)\boldsymbol{p}_2+(b-a)(c-1)\boldsymbol{p}_3=0$$

が成立する．これは $\boldsymbol{p}_1, \boldsymbol{p}_2, \boldsymbol{p}_3$ が共線であることを示す．

3.2　もしもある直線 l と 3 点 A, B, C で交わったとすると，l 上の点を，2 次曲線を生成する射影的な 2 個の線束を通して自分自身の上にうつす射影変換は 3 点 A, B, C を不動点とするので，恒等変換になり，l 全体が 2 次曲線に含まれることになる．

3.3　固有方程式は $\lambda^2-(a+d)\lambda+(ad-bc)=0$ である．固有値は $s=\frac{1}{2}\left[(a+d)\pm\sqrt{(a-d)^2+4bc}\right]$ であって根号内の判別式が正，0，負に応じて，実の不動点は 2, 1, 0 個である．

3.4　**補助定理**　2 次曲線 Γ 上の 4 点 A, B, C, D から作った完全四角形の対角点 P, Q, R のなす三角形は，Γ に対して自己共役な三角形である（図 A.2）．

［証明］ 点 P の極線 l は A, B での Γ の接線の交点 S を通る．頂点が重複した六角形 ADBBCA に Pascal の定理を適用すると，3 点 Q, R, S は共線である．同様に C, D での Γ の接線の交点 T も同じ線上にあり，l=QR である． ∎

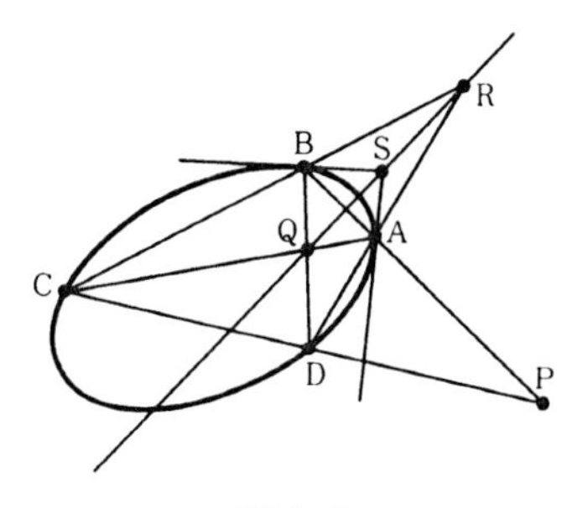

図 A. 2

3. 2 節末の作図(図 3. 15)は，点 P を一つの対角点とする，2 次曲線 Γ に内接する完全四角形 ABCD を作り，他の対角点 Q, R を結ぶ線 l を作っているので，l は P の極線である．これで証明できた．具体例として解答 2. 4(図 A. 1)の点 F, N, F′, N′ のなす完全四角形(対角点は O, Q, L)を挙げる．

3. 5　(i)→(ii)　∠AOB<2 直角とする．∠QPO=∠AOP, ∠RPO=∠BOP である 2 直線 PQ, PR を引くと(図 A. 3)，∠QPR=∠AOB<2 直角である．∠QPR の外角の二等分線 SPT を引けば，∠SPO+∠AOP<2 直角，∠TPO+∠BOP<2 直角なので，(i)によって半直線 PS, PT はそれぞれ角の辺 OA, OB と交わる．

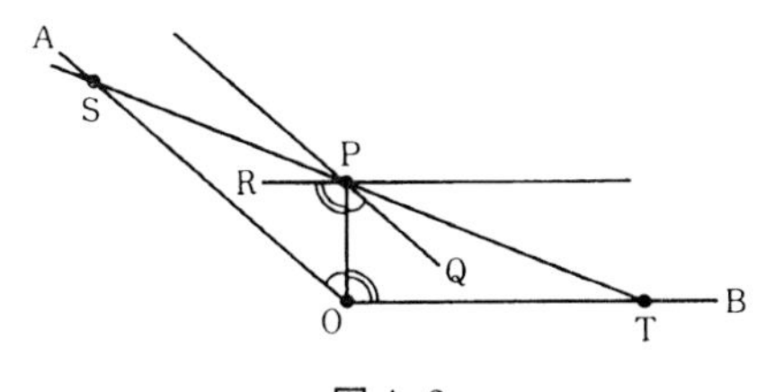

図 A. 3

(ii)→(i)　a=AC, b=BD, ∠CAB+∠DBA<2 直角とする(図 A. 4)．∠BAE=∠DBA であるように，AB に対して AC と反対側に半直線 AE を引くと，∠EAC<2 直角である．したがって(ii)により B を通って半直線 AE, AC と交わる

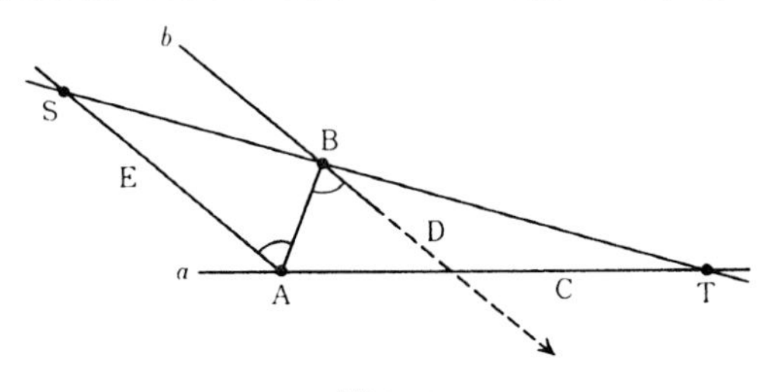

図 A. 4

直線SBTを引くことができる．AEとBDとは錯角が等しいので交わらない(原論第1巻27命題)．したがってBTは∠ABDの外側にあり，半直線BDは三角形ABTの頂点B付近でその内側にあるので，辺ACと交わらなければならない．(この推論に順序の公理，特に三角形に関するPaschの公理が必要である．) ▮

第4章

4.1　外接円Oの半径をRとすると，BCの中点をL，垂心をHとするとき，$\mathrm{AH}=2\,\mathrm{OL}=\sqrt{4R^2-a^2}$などである．六斜術の式は

$$\begin{aligned}&4R^2[a^2(4R^2-a^2)+b^2(4R^2-b^2)+c^2(4R^2-c^2)]\\&\quad=a^2b^2c^2+a^2(4R^2-b^2)(4R^2-c^2)+b^2(4R^2-c^2)(4R^2-a^2)\\&\qquad+c^2(4R^2-a^2)(4R^2-b^2)\end{aligned}$$

となる．整理すると

$$4R^2(-a^4-b^4-c^4+2a^2b^2+2b^2c^2+2c^2a^2)=4a^2b^2c^2$$

となり，面積をSとしたとき，$4RS=abc$と同じになる．

4.2　重心Gについては，$\alpha=-2/3,\ \beta=\gamma=1/3$なので$\mathrm{AG}^2=(2b^2+2c^2-a^2)/9$；内心Iについては，$\alpha=a/s-1,\ \beta=b/s,\ \gamma=c/s\ (s=a+b+c)$から，$\mathrm{AI}^2=s^{-2}[-bca^2+(s-a)(cb^2+bc^2)=s^{-2}bc[(b+c)^2-a^2]=bc(-a+b+c)/(a+b+c)$をえる．

4.3　2円の接点Dを中心とする定円について反転すれば，3円は，平行2直線l, mとそれに接する円Kになる．円Kをl, mに平行にその直径だけずらせた円を反転してもとに戻せばよい．解は2個現れる．一方は3円に囲まれた部分にある小円，他方は外側から包みこむ大円を表わす．

4.4　Gergonne点，内心，内外Soddy点が調和列点をなすことから明らかだが，重心座標によって内部Soddy点がGergonne点と内心の中点になる条件式を記述しても，本文の記号で条件式$\dfrac{1}{t_-}=\dfrac{1}{u}+\dfrac{1}{v}+\dfrac{1}{w}-\dfrac{2}{r}=0$をえる．具体例では3辺の比が5:5:8の鈍角二等辺三角形がそうである．

4.5　1°↔2°．O, A, B, Cを通る円Kがあるとし，その中心の座標を(u, v)とおくと，

$$\begin{aligned}u^2+v^2&=(u-a)^2+(v-a^2)^2=(u-b)^2+(v-b^2)^2\\&=(u-c)^2+(v-c^2)^2\end{aligned}$$

をえる．整理すると

$$2au+2a^2v=a^2+a^4,\quad 2bu+2b^2v=b^2+b^4,\quad 2cu+2c^2v=c^2+c^4\qquad(*)$$

をえる．$a\neq0,\ b\neq0,\ c\neq0$なので，それぞれをa, b, cで割って引くと，

$$(a-b)v = (a-b)(1+a^2+ab+b^2), \quad (b-c)v = (b-c)(1+b^2+bc+c^2)$$

$a \neq b$, $b \neq c$ なので，それぞれを $a-b$, $b-c$ で割って引くと

$$0 = a^2+ab-bc-c^2 = (a-c)(a+b+c)$$

$a \neq c$ なので $a+b+c=0$ である．これは次の係数行列式$=0$と同じである．

逆に $a+b+c=0$ ならば(∗)の係数行列式が

$$\begin{vmatrix} 1 & a & (a+a^3)/2 \\ 1 & b & (b+b^3)/2 \\ 1 & c & (c+c^3)/2 \end{vmatrix} = -\frac{1}{2}(a-b)(b-c)(c-a)(a+b+c) = 0 \quad (**)$$

であり，(∗)が自明でない解 (u, v) をもつ．それが円OABCの中心を表わす．

1°↔3°　A, B, C での法線が1点で交わる条件は

$$x-a+2a(y-a^2) = 0, \quad x-b+2b(y-b^2) = 0, \quad x-c+2c(y-c^2) = 0$$

が共通解をもつことである．それは行列式(∗∗)$=0$と同値で，a, b, c が互いに異なれば，$a+b+c=0$ と同値である．

4.6　底辺が1辺 a の正三角形で，斜辺 b がきわめて大きい正三角錐を考える．もしこれが4次元空間内の1辺 l の正四面体の正射影になるとすると，$l \geqq b > a$ である．しかし正三角形の正射影が正三角形になるのは，面が平行な場合しかなく，$l=a$ であって矛盾になる．――直辺四面体の正射影とすることは可能である．

4.7　行列式や体積の公式を使ってもよいが，次のようにすれば初等的にできる．1頂点Oの隣接頂点をA, B, Cとし，$\angle \mathrm{BOC}=\alpha$, $\angle \mathrm{COA}=\beta$, $\angle \mathrm{AOB}=\gamma$ とする．OA, OBを2辺とする菱形の面積は $\sin\gamma$ で表わされる．OAを x 軸に，面OABを xy 平面にとると，Cの座標 (x, y, z) は内積から

$$x = \cos\beta, \quad x\cos\gamma + y\sin\gamma = \cos\alpha$$

すなわち

$$y = \frac{\cos\alpha - \cos\beta\cos\gamma}{\sin\gamma}$$

$$z^2 = 1-x^2-y^2 = \frac{\sin^2\beta\sin^2\gamma - (\cos\alpha-\cos\beta\cos\gamma)^2}{\sin^2\gamma}$$

と表わされる．これから体積は

$$\begin{aligned} z\sin\gamma &= \sqrt{(1-\cos^2\beta)(1-\cos^2\gamma)-\cos^2\alpha-\cos^2\beta\cos^2\gamma+2\cos\alpha\cos\beta\cos\gamma} \\ &= \sqrt{1-\cos^2\alpha-\cos^2\beta-\cos^2\gamma+2\cos\alpha\cos\beta\cos\gamma} \end{aligned}$$

と表わされる．

4.8　全体で14片になる．そのうち4個はPを1頂点とする，もとの四面体と相

似な四面体である．4 個は P と各頂点 A, B, C, D を対角線とする平行六面体である．6 個は，平行四辺形 2 面，三角形 2 面，台形 2 面からなる六面体(7 頂点，11 辺)である．

4.9 1° $R^2=(a^2+b^2+c^2)/8$, $r=3V/4S$ (V は体積，S は各面の面積)であり，本文のように a, b, c で表わされる．

2° 図形的に考えれば，中心(=外心=内心) O を頂点 A と結び，AO の延長と △BCD との交点を E とすると，

$$\mathrm{EO} = R/3 \geqq \text{O から面 BCD への距離} = r$$

である．式で計算すると，△BCD の外接円の半径 $\rho=\sqrt{R^2-r^2}$ から，$\rho^2 \leqq 8R^2/9$ を示せばよいが，これは $\rho^2 \leqq (a^2+b^2+c^2)/9$ (補助定理 4.9)に帰する．

3° $R=3r$ のときは，1 辺 $2\sqrt{6}\,r$ の正四面体をとる．$R>3r$ のときは，系 4.5 の記号に戻ると，条件は

$$4R^2 = k^2+l^2+m^2$$

$$4r^2 = \frac{9V^2}{4S^2} = \frac{k^2l^2m^2}{k^2l^2+l^2m^2+m^2k^2} = 1\bigg/\left(\frac{1}{k^2}+\frac{1}{l^2}+\frac{1}{m^2}\right)$$

を解くことになる．これから Cauchy-Schwarz の不等式により，再度

$$\frac{R^2}{r^2} = (k^2+l^2+m^2)\left(\frac{1}{k^2}+\frac{1}{l^2}+\frac{1}{m^2}\right) \geqq 9$$

が導かれる．次に $R^2>9r^2$ なら，$m^2=4R^2/3$ とおいて，k^2, l^2 に関する連立 2 次方程式に変形すると，正の 2 実解が存在する．k, l, m を 3 辺とする直方体の一つおきの頂点を結べばよい．なお $l=m$ とおいて，k^2 と $l^2(=m^2)$ との連立方程式にしても正の実数解をえる．これは条件不足の方程式系に適宜条件を補って解いてよい実例である．

第5章

5.1 正単体のときは，$a_n=\det(I+W(p_1, \cdots, p_{n-1}))=(n+1)/2^n$, 比 $\cos^2(\delta_n/2)=(n+1)/2n$, $\cos\delta_n=1/n$．超立方体のときは $a_n=1/2^{n-1}$, 比 $\cos^2(\delta_n/2)=1/2$, $\cos\delta_n=0$．正軸体では，比は $\cos^2(\delta_n/2)=(1/2^{n-1})\div(n/2^{n-1})=1/n$, $\cos\delta=(2-n)/n$．

5.2 Petrie 多角形の中点が作る回映面は中心を通るが，対称面ではないので，各対称面と中心を通る直線で交わる．その直線は回映面の多角形の頂点または辺の中点を通る．前者はもとの正多面体の辺の中点であり，対称面はその辺を含むかま

たはそれに直交する．後者の対称面は回映面の多角形の辺と直交する．したがってのべ $(2+1)h$ 枚の対称面ができるが，同一の対称面は Petrie 多角形の反対側をも通るので，全体として $3h/2$ 枚となる．

5.3 便宜上本来の辺を第1種の線，面の対称軸を第2種の線(正方形については対角線を2A，辺の中点を結ぶ線を2B)とよび，胞の正多面体の対称軸として，相対する頂点同士，辺の中点同士，面の中心同士を結ぶ線を第3種A, B, Cの線とよぶ(正四面体では頂点と相対する面の中心を結ぶ線を3Aとする)ことにする．2個の交わりで生じる面は次のとおりである．

正五胞体： 第2種2本と3B1本で囲まれる二等辺三角形15枚(単一面)．第1種1本と3A2本で囲まれる二等辺三角形10枚(三重面)．

正八胞体： 2B2本と3B2本で囲まれる長方形24枚(単一面)，2A4本で囲まれる正方形12枚(単一面)，第1種2本と3A2本で囲まれる長方形(辺の比 $1:\sqrt{3}$)16枚(三重面)，3C4本で囲まれる正方形6枚(四重面)．

正十六胞体： 第2種4本で囲まれる菱形24枚(単一面)，3B4本で囲まれる正方形12枚(単一面)，3A4本で囲まれる菱形(正三角形2個の形)16枚(三重面)，第1種4本で囲まれる正方形6枚(四重面)．

正二十四胞体： 第2種4本と3B2本ずつで囲まれる平行六角形72枚(単一面)，第1種と3Cと同一種それぞれ6本ずつで囲まれる正六角形がおのおの16枚ずつ(三重面)，3A4本で囲まれる正方形18枚(四重面)．

正百二十胞体： 第2種8本と3B4本で囲まれる十二角形450枚(単一面)，第1種6本と3A6本交互で囲まれる等角十二角形200枚(三重面)，3C10本で囲まれる正十角形72枚(五重面)．

正六百胞体： 第2種8本と3B4本で囲まれる十二角形450枚(単一面)，3A12本で囲まれる等辺十二角形200枚(三重面)，第1種10本で囲まれる正十角形72枚(五重面)．

5.4 $qV=pF=2E$ から

$$\text{左辺} = 2E(p+q+2) = \frac{1}{2}h(h+2)(p+q+2)$$

$$= h\frac{12(p+q+2)}{10-p-q} \qquad (\text{Steinberg の公式})$$

である．同じ式から，右辺の分数式は $6h$ に等しく，積は $6h^2$ になる．

なおこの公式をそのままの形で4次元以上に類推拡張することはできない．類似

の式は V, F, E を，対称超平面 2 個の交わりの多重面，単一面などの個数と解釈し直してえられるが，あまり有用ではない．

5.5 ノルムが $2N$ までの範囲にある格子点の個数は，$\sigma_0(n)$ からまず n が奇数のときの和 $1+3+5+\cdots+(2N-1)=N^2$ を数える．次に 2 の倍数について $(N/2)^2$，3 の倍数について $(N/3)^2$，… と数えられるので，それらの総数に勢力域の体積をかけて

$$24\times\frac{1}{2}\times\left[N^2+\left(\frac{N}{2}\right)^2+\left(\frac{N}{3}\right)^2+\cdots\right]=\frac{\pi^2}{2}\cdot(2N)^2 \qquad \text{(4 次元の球の体積)}$$

をえる(厳密には上下から評価する)．N^2 で割って $N\to\infty$ とすれば，次の和をえる．

$$\frac{1}{1^2}+\frac{1}{2^2}+\frac{1}{3^2}+\cdots=\frac{1}{12}\cdot\frac{\pi^2}{2}\times 4=\frac{\pi^2}{6}$$

注 同様に E_8 格子でノルム n の点の個数が $240\sigma_3(n)$ であり，勢力域の体積が 1/16 であることから

$$\frac{1}{1^4}+\frac{1}{2^4}+\frac{1}{3^4}+\cdots=\frac{\pi^4}{90}$$

をえる．級数の和を求めるためには大道具すぎるが，同様の計算はいろいろな格子に適用できる．

5.6 E_7 について： $n=1$ のときは，成分が 1 個 ± 1 のものが 14 個，$\pm 1/2$ が 4 個のものが $7\times 2^4=112$ 個，合計 126 個．$n=2$ のときは，成分が 2 個 ± 1 のものが $21\times 2^2=84$ 個，$\pm 1/2$ が 4 個で 1 が 1 個のものが $7\times 3\times 2^5=672$ 個，合計 756 個．$n=3$ のときは，成分が 3 個 ± 1 のものが $35\times 2^3=280$ 個，$\pm 1/2$ が 4 個で 1 が 2 個のものが $7\times 3\times 2^6=1344$ 個，$\pm 1/2$ が 3 個で $\pm 3/2$ が 1 個のものが $7\times 4\times 2^4=448$ 個，合計 2072 個ある．

E_6 について： $n=1$ のときは，成分が 1 個 ± 1 のものが 8 個，$\pm 1/2$ が 4 個のものは，最初の 4 成分 0 のものが $2^4=16$ 個，第 2〜第 4 成分に $+1/2, -1/2$ の対があるものが $6\times 2^3=48$ 個，合計 72 個ある．$n=2$ のときは，最初の 4 成分が 0 で成分が 2 個 ± 1 のものが $6\times 2^2=24$ 個，$+1, -1$ が第 2〜第 4 成分にあるものが 6 個，第 2〜第 4 成分が $1/2, 1/2, -1$ の型のものが $6\times 2^3=48$ 個，$1/2, -1/2, 0$ の型のものが $6\times 2^5=192$ 個，合計 270 個ある．$n=3$ のときは，最初の 4 成分が 0 で ± 1 が 3 個のものが $4\times 8=32$ 個，第 2〜第 4 成分が $+1, -1, 0$ の型が $6\times 8=48$ 個，$1/2, 1/2, -1$ の型が $6\times 2^5=192$ 個，$1/2, -1/2, 0$ の型が $6\times 2^5=192$ 個，全体として $\pm 1/2$ が 3 個で $\pm 3/2$ が 1 個のものが $4\times 2^4+6\times 2^5=256$ 個，合計 720 個になる．

欧文索引

和文索引

ア 行

カ 行

ナ 行

ハ 行

マ 行

ヤ 行

ラ 行

ワ 行

■岩波オンデマンドブックス■

現代に活かす 初等幾何入門

2003年11月27日 第1刷発行
2017年7月11日 オンデマンド版発行

著 者 一松 信（ひとつまつ しん）

発行者 岡本 厚

発行所 株式会社 岩波書店
〒101-8002 東京都千代田区一ツ橋2-5-5
電話案内 03-5210-4000
http://www.iwanami.co.jp/

印刷/製本・法令印刷

ISBN 978-4-00-730637-2 Printed in Japan